机电设备管理研究

王英方 王 涛 原英玲 ◎主编

黑龙江科学技术出版社

图书在版编目（C I P）数据

机电设备管理研究 / 王英方, 王涛, 原英玲主编.
哈尔滨：黑龙江科学技术出版社, 2024. 9. -- ISBN
978-7-5719-2629-8

Ⅰ．TM

中国国家版本馆 CIP 数据核字第 2024N7C902 号

机电设备管理研究

JIDIAN SHEBEI GUANLI YANJIU

王英方　王　涛　原英玲　主编

责任编辑	闫海波	
封面设计	了然文化	
出　　版	黑龙江科学技术出版社	
	地址：哈尔滨市南岗区公安街 70-2 号　邮编：150007	
	电话：（0451）53642106　传真：（0451）53642143	
	网址：www.lkcbs.cn	
发　　行	全国新华书店	
印　　刷	哈尔滨午阳印刷有限公司	
开　　本	787 mm×1092 mm　　1/16	
印　　张	10.75	
字　　数	180 千字	
版　　次	2024 年 9 月第 1 版	
印　　次	2024 年 9 月第 1 次印刷	
书　　号	ISBN 978-7-5719-2629-8	
定　　价	59.00 元	

前　言

在激烈的市场竞争中，工业企业要想求得良好的生存与发展，首要条件便是拥有一套科学管理方法，其中，机电设备管理是重要一环。机电设备是生产力的重要组成部分和基本要素之一，是工业企业从事生产经营的重要工具，是工业企业生存与发展的重要物质财富，也是社会生产力发展水平的物质标志，管好、用好、维护好机电设备，提高机电设备管理能力，对工业企业进步和经济发展有着十分重要的意义。

随着工业自动化和智能化的发展，工业企业对机电设备管理的要求越来越高，需要系统化、科学化的管理方法来提高设备的使用效率和寿命，以保证生产经营顺利进行、产品品质稳步提高。本书是一本系统性探讨机电设备管理理论与实践的专业书籍，内容涵盖了机械电子工程的基础知识、机电一体化技术、设备管理以及机械设备的控制、监测和日常维护等多个方面，对于企业进行机电设备管理具有重要参考、学习价值。

书中不仅介绍机械设备的智能控制、数字控制和自动控制技术，以及设备状态监测与故障诊断的方法，包括设备的前期管理、状态监测、点检、故障诊断和管理，还涉及机电设备的日常管理与检修管理，包括设备的正确使用、维护、润滑管理、安全管理以及备件和检修管理。作者旨在通过本书，为机电设备管理领域的专业人士提供全面的理论指导和实践参考，帮助他们更好地进行机电设备的维护和管理，确保生产的高效和安全。

本书以提升专业人士设备管理能力为出发点，兼顾专业性、普适性，以胜任设备管理岗位为重点，降低理论分析的深度和难度，以"实用"和"够用"为尺度，建立以能力培养为目标的体系，内容具体明确，可操作性强。

《机电设备管理研究》
编委会

目　　录

第一章 绪论

第一节 机械电子工程概述

一、机械电子工程简介

机电一体化（Mechatronics）于1971年起源于日本，它取英语Mechanics（机械学）的前半部和Electronics（电子学）的后半部拼合而成，字面上表示机械学和电子学两个学科的综合。在我国通常称为机械电子或机电一体化，但是机械电子学并不是机械技术和电子技术的简单叠加，而是有着自身体系的新学科。

机械工程发展新阶段是机械电子工程阶段，机械电子工程是机电一体化技术及其产品的统称，并把柔性制造系统（FMS）和计算机集成制造系统（CIMS）等先进制造技术的生产线和制造过程也包括在内。对机电一体化产品的一种认识是"在机械产品的基础上应用微电子技术和计算机技术生产出来的新一代的机电产品"。这种认识的核心是"机电一体化产品必须是由计算机控制的伺服系统"。

机械电子系统主要解决的是物质流、能量流和信息流的问题，其主要功能是对物质、能量和信息进行处理、传递、存储等。机电产品或系统很多，如汽车、机器人、生产线、机床、家电以及工业过程控制系统等。

机械电子工程的本质是机械与电子技术的规划应用和有效结合，以构成一个最优的产品或系统。现代的机械工程已不是简单的机械结构的设计与应用，机电一体化是大势所趋，机械与电子结合的例子随处可见，机电一体化技术具有极为广阔的应用前景，其已成为科研发展和社会需求的主要热点领域之一。在现代的产品设计中，只有在设计初期就将电子学和机械工程有效结合，才有可能设计出高质量的机电一体化产品，从而在激烈的竞争中取胜。机械电子工程并不是一门有严格界限并且独立的工程学科，而是在设计过程中一个综合的学科。在完成这种综合的过程中，机械电子工程把它的核心部分——机械工程、电子工程计算机技术，与许多不同的领域，如制造技术、管理技术和生产加工实践等结合在一起。[①]

二、机械电子工程的应用与设计

（一）机械电子工程的应用

在制造业的广大领域中，采用机械电子方法设计的优点是：制造系统的结构易于改变，且产品的质量可以顺利地上升档次。日本人认为产品革新的未来属于那些能将电子系统和机械系统有机结合在一起的人，并已经在这些方面卓有成效。日本的公司充分考虑市场需求，将机械电子方法用于高速纺织机械、计量和监测系统以及诸如集成电路自动检测等具有特殊用途的机械设计中，并开创了新的局面。从目前情况来看，机械电子工程在产品中的应用有以下两类产品：一是将现有产品进行机械电子改造以提高其性能；二是用机械电子方法设计开发全新的产品。

（二）机械电子工程的设计

在工程设计中，机械电子方法能将系统的大量材料和信息集中起来，使系统具有更高的性能、更强的灵活性。因此，要做到万无一失，机械电子工程的设计必须包括初步设计和具体设计两个阶段。用机械电子方法进行工程设计的核心是将电子技术和计算机技术与机械系统有机结合在一起。对现有产品或系统，也常用机械电子方法来改善其性能。工程设计的机械电子方法与系统结构的配置有关，在这种方法中，可以实现各种技术的集成，并对其进行评估。为达到这个目的，通常采用一种基于信息的自顶向下策略，就可以将系统分解成一些模块。例如：环境模块、装配模块、测量模块、通信模块、处理器模块、软件模块、执行模块、界面模块等。从初级阶段的概念来说，在每一阶段都定义其下一级的模块子集，最终，整个系统中的每个部件的设计都可以从该部件与其他部件的相关处着手。

---

①刘向虹，王辉，张磊.机械电子工程系统设计与应用[M].长春：吉林人民出版社，2021.

三、机械电子工程在国民经济中的地位

机械电子工程是研究、开发、设计、制造机电一体化产品和系统的专业，而机电一体化产品和系统是机械与电子、测控、计算机等技术相融合的产物。通俗地讲，机电一体化产品和系统就是由计算机控制的自动化、智能化的机器或生产线，其实质仍是机械。下面我们从机械（机械电子工程）在人类社会发展进程中的推动作用和各国政府对该产业的重视程度，来体会一下机械电子工程在国民经济中的地位。

（一）机械始终是推动人类社会进步与发展的动力

人类与动物的区别主要是人会使用工具，后来又发展为制造并使用简单机械（如杠杆、滑轮、斜面等），当时使用的动力是自然力（如人力、畜力、风力、水力等）。随着科学技术的发展，人们冶炼出铜、铁、钢等材料，又陆续发明了蒸汽机、内燃机和电动机，掀起了一次又一次的工业革命，在人类生产生活的各个方面，都设计、制造了各式各样的机器，它们减轻或代替了人的体力和脑力劳动，在解放人类的同时也提高了劳动生产率，提高了产品质量。可以说，是"工具"（机械）推动了人类社会的发展，是人们使用机械生产了物质、创造了财富，使人类得以世世代代繁衍生息。可见，机械在人类历史发展的进程中一直起着推动作用。

现如今，机械已不再是单纯的钢铁器物，而是由机械和电子器件构成的，由计算机控制的自动化、智能化的机器，它们仍然是人们生产物质、创造财富、赖以生存的"工具"。因此，机械电子工程仍然是现代国民经济的支柱，机电一体化技术和产品的发展仍然是国民经济发展的推动力。可见，机械电子工程在国民经济中的地位是举足轻重的。

（二）机电行业始终是国民经济的支柱产业

机电行业（制造业）在国民经济中始终是支柱产业，从制造业生产总值占国内生产总值的比重和先进制造业工业增加值占全部工业增加值的比重来看，很容易得出上述结论。例如：据国家统计年鉴公布，近几年制造业生产总值一直几乎占到国内生产总值的1/3，可见制造业在国民经济中的重要地位。因此，在当前激烈的国际政治、军事、经济竞争中，机电行业始终具有举足轻重的作用，而机电一体化技术和产品总是受到各工业国家的极大重

视，并都给予了资金支持和政策优惠。

日本政府于1971年颁布了《特定电子工业和特定机械工业振兴临时措施法》，要求日本的企业界要特别注意促进为机械配备电子计算机和其他电子设备，从而实现控制的自动化和机械产品的良好功能，进而使日本的机械产品快速地向机电有机结合的方向发展。此后，日本又将智能传感器，计算机芯片制造技术，具有视觉、触觉和人机对话功能的人工智能机器人（工业机器人、服务机器人），柔性制造系统等列为高技术领域的重大研究课题。

我国政府对机电一体化也特别重视。早在20世纪80年代初，国家科委就组织了"机电一体化预测与综合分析""我国机电一体化发展途径与对策"等软课题研究。从1990年开始至今，国家一直把发展机电一体化技术、开发机电一体化产品和系统列为重大项目。

对于制造业的发展，国家一直在及时制定发展方针，促使我国逐步由制造大国向制造强国迈进。我国自主生产的数控机床、加工中心、工业机器人、自动化仪表，以及由各类机电一体化产品集成的自动化生产线，已应用到国民经济的各个行业；高铁（高速列车）、核电、航天器等一批产品已成为世界名牌。这些不仅提高了我国的技术水平和产品质量，而且大大提高了我国在世界上的竞争力。如今，我国生产的通信设备与系统、高速列车、核电、汽车和一些机电产品已出口到许多国家，也促进了当地的经济建设。

由上述可知，机械电子工程是国家的重要支柱，受到国家的极大重视。国家制定的一系列科学技术发展规划为我们指出了前进的方向，展示了美好前程，对从事机械电子工程专业的人来说，真可谓广阔天地大有作为；应当抓住机会，学好并掌握机械电子工程专业各学科的知识，为我国机电一体化事业贡献一份力量，使我国的机电一体化产品和系统在国际市场占有一席之地。

第二节　机械电子工程技术

一、机械电子工程的关键技术

机械电子工程技术一般包括六大共性关键技术：机械技术、传感检测技术、计算机与信息处理技术、自动控制技术、伺服传动技术、系统集成技术。

（一）机械技术

无论是制造类的机械工程，还是动力类的机械工程，机械技术都是机械电子工程技术的基础，机械技术的关键是如何与机械电子工程技术相适应，实现结构、材料、性能的改变，满足工程应用中对机械对象的质量轻、体积小、精度高、刚度高及综合性能好的要求。在传统的机械理论与工艺条件下，应用计算机辅助技术、人工智能技术与专家系统技术等，实现现代机械制造与动力传动。①

（二）传感检测技术

传感检测装置是系统的感受器，是系统的信息来源，是实现自动控制、自动调节的关键环节，其功能越强，系统的自动化程度越高。现代工程要求传感器能快速、精确地获取信息并能经受严酷环境的考验，它是机械电子系统达到高水平的保证。

传感检测技术是一门多学科、知识密集的应用技术。传感原理、传感材料和加工制造装配技术是传感器开发的三个关键技术。作为一个独立器件，传感器正向集成化、数字化、智能化方向发展。机械电子系统设计往往难以满足技术要求的关键原因，在于无合适的传感器，因此，发展传感器技术对于机电一体化技术的发展具有十分重要的意义。

（三）计算机与信息处理技术

在机械电子系统的工作过程中，与各种参数和状态以及自动控制有关的信息输入、交换、识别、存取、运算、判断与决策、人工智能技术、专家系统技术、神经网络技术均属于计算机与信息处理技术。计算机技术包括硬件和软件技术、网络与通信技术、数据处理技术和数据库技术等。机械电子系统的计算机与信息处理装置是系统的核心，它控制与指挥整个系统的运行，信息处理的结果直接影响系统工作的质量和效率。计算机与信息处理技术是促进机电一体化技术发展的关键技术。

---

①姚实，秦家峰.人工智能技术在机械电子工程领域的应用[J].普洱学院学报，2023，39（03）：37-39.

（四）自动控制技术

自动控制技术是在无人直接参与的情况下，通过控制器使被控对象或过程自动地按照预定的规律运行。自动控制技术的应用范围很广，包括高精度定位控制、速度控制、操作力控制等，采用的控制算法有自适应控制、PID控制、模糊控制、预测控制等。在控制理论指导下进行系统设计、仿真、现场调试，将大大提高系统工作效率和产品质量，改善劳动条件。机械电子工程与系统设计将自动控制技术作为重要支撑技术，自动控制装置是机械电子系统的重要组成部分。

传统的机械电子系统的自动控制技术，主要以传递函数为基础，分析和设计单输入、单输出、线性的自动控制系统，如伺服系统的自动控制技术。随着科学技术和工程应用的需求，发展了以状态空间法为基础的现代控制理论。现代机械电子工程的自动控制技术研究多输入、多输出、变参量、非线性、高精度、高效能的控制系统的问题，最优控制、最佳滤波、系统辨识、自适应控制等现代控制方法已经普遍应用于机械电子工程的系统中。

（五）伺服传动技术

伺服传动技术主要是指机械电子系统的执行元件和驱动装置设计技术。伺服传动装置包括电动、气动、液压等各种类型的传动装置，是实现电信号到机械动作的转换装置与部件，对系统的动态性能、控制质量和功能有决定性的影响。例如直流伺服电机的控制性能、速度与转矩特性的稳定性；交流电机的变频调速、电流逆变；电磁铁体积大小、工作可靠性问题；液压与气动执行结构的精度、响应速度等，是伺服传动装置设计必须考虑的问题。

（六）系统集成技术

机械电子工程的系统具有多功能、高精度、高效能的要求和多技术领域交叉的特点，使系统本身及其开发设计变得复杂化。系统的总体性能不仅与各构成要素功能、精度、性能有关，还与各构成要素之间的相互协调和融合相关。

系统集成技术即以整体的概念，组织应用各种相关技术，从全局角度和系统目标出发，将总体分解成相互关联的若干功能单元，找出能够完成各个功能的可行性技术方案，对方案分析、评价、综合，优选出适宜的技术方案。系统总体设计的目的是在机电一体化系统各个组成部分的技术成熟、组件性能和可靠性良好的基础上，通过协调各组件的相互关系和所用技术的一致性来使系统或产品实现经济、可靠、高效率和操作方便等。

二、机械电子工程的总体设计思想

机械电子工程是一门综合技术，是一项多级别、多单元组成的系统工程，机电系统所包含的设计与开发范围是非常广泛的。

机械电子系统或产品的功能与规格确定后，技术人员利用机电一体化技术进行设计、制造的整个过程为机电一体化工程。机电一体化工程是系统工程在机电一体化技术中的具体应用。

机电一体化设计突出体现在两个方面：一方面，当产品的某一功能单靠某一种技术无法实现时，必须进行机械与电子及其他多种技术有机结合的一体化设计；另一方面，当产品某功能的实现有多种可行的技术方案时，也必须应用机电一体化技术对各种技术方案进行分析和评价。在充分考虑同其他功能单元的连接与匹配的条件下，选择最优的技术方案。因此，机电一体化设计必须充分考虑各种技术方案的等效性、互补性与可比性。

在某种情况下，产品的功能必须通过机电配合才能实现，这时两种技术是相互关联、相互补充的，即具有互补性。当多种可行性技术方案同时存在时，说明在实现具体功能上它们具有等效性。由于不同的技术方案往往具有不同的参量，因此评价时应选择具有相同量纲的性能指标（如成本、可靠性、精度等），或引入新的参量将不同的参量联系起来，以保证各种技术方案之间具有可比性。

机电一体化系统是机电一体化设备与产品的总称，它表示将这些设备与产品看成一个系统。机电一体化系统设计的第一个环节是总体设计，就是在具体设计之前对所要求设计的机电一体化系统的各个方面，按照简单、实用、经济、安全、美观等原则进行综合性设计。其主要内容包括：

系统原理方案的构思，结构方案的设计，总体布局设计与环境设计，主要参数及技术指标的确定，总体方案的评价与决策。

机电一体化总体设计就是应用系统总体设计技术，从整体目标出发，用系统的观点和方法，综合分析机电一体化产品的性能要求及各机电组成单元的特性，选择最合理的单元组合方案，实现机电一体化产品整体优化设计的过程。

在总体设计过程中，应逐步形成下列技术文件与图纸：系统工作原理图；控制器、驱动器、执行器、传感器工作原理图等；总体设计报告；总体装配图；部件装配图。

机电一体化总体设计的目的是设计出综合性能最优或较优的总体方案，作为进一步详细设计的依据。它是机电一体化系统设计最重要的环节，其优劣直接影响系统的全部性能及使用情况，总体设计给具体设计提出了基本原则和布局，指导具体设计的开展。相反，具体设计是在总体设计基础上的具体化，在具体设计中可对总体设计进行不断的完善和改进，两者互相结合，交错进行。制定机电一体化系统总体设计方案的步骤是通用化的步骤，因为机电一体化系统所对应的产品可能是装配机械、检验仪器、测试仪器、包装机械等各行业的产品或设备。

第三节 机电一体化概述

一、机电一体化

迄今为止，世界各国都在大力推广机电一体化技术。机电一体化技术在人们生活的各个领域已得到广泛的应用，并蓬勃地向前发展，不仅深刻地影响着全球的科技、经济、社会和军事的发展，而且也深刻影响着机电一体化的发展趋势。现代科学技术的发展极大地推动了不同学科的交叉与渗透，引起了工程领域的技术改造与革命。在机械工程领域，由于微电子技术和计算机技术的迅速发展及其向机械工业的渗透形成的机电一体化，使机械工业的技术结构、产品机构、功能与构成、生产方式及管理体系发生了巨大变化，使工业生产由"机械电气化"迈入了"机电一体化"为特征的发展阶段。

（一）机电一体化的内涵

1.机电一体化的含义

关于机电一体化的概念，一般是从其基本技术、功能及构成要素来对其加以说明。较为人们所接受的定义是日本机械振兴协会经济研究所于1981年3月提出的解释：机电一体化是在机械的主功能、动力功能、信息功能和控制功能上引进微电子技术，并将机械装置与电子装置用相关软件有机结合而成的系统的总称。机电一体化是机电一体化技术及产品的统称。机电一体化技术主要指其技术原理和使机电一体化系统（或产品）得以实现、使用和发展的技术；机电一体化系统主要指机械系统和微电子系统有机结合，从而赋予新的功能和性能的新一代产品。另外，柔性制造系统（FMS）和计算机集成制造系统（CIMS）等先进制造技术的生产线和制造过程也包括在内，发展了机电一体化的含义。

2.机电一体化的界定

（1）机电一体化与机械电气化的区别

机电一体化并不是机械技术、微电子技术及其他新技术的简单组合、拼凑，而是基于上述群体技术有机融合的一种综合性技术。这是机电一体化与机械加电气所形成的机械电气化在概念上的根本区别。除此以外，其他主要区别如下。

第一，电气机械在设计过程中不考虑或很少考虑电器与机械的内在联系，基本上是根据机械的要求，选用相应的驱动电动机或电气传动装置。

第二，机械和电气装置之间界限分明，它们之间的联结以机械连接为主，整个装置是刚性的。

第三，装置所需的控制是基于电磁学原理的各种电器，如接触器、继电器等来实现，属于强电范畴，其主要支撑技术是电工技术。机械工程技术由纯机械发展到机械电气化，仍属传统机械，主要功能依然是代替和放大人的体力。但是发展到机电一体化后，其中的微电子装置除可取代某些机械部件的原有功能外，还赋予产品许多新的功能，如自动检测、自动处理信息、自动显示记录、自动调节与控制、自动诊断与保护等，即机电一体化产品不仅是人的手与肢体的延伸，还是人的感官与头脑的延伸，具有"智能化"的特征是机电一体化与机械电气化在功能上的本质区别。

传统意义上的机电一体化（机械电气化），主要指机械与电工电子及电气控制这两方面的一体化，并且明显偏重于机械方面。当前科技发展的态势特别注重学科间的交叉、融合及电子计算机的应用，机电一体化技术就是利用电子技术、信息技术（主要包括传感器技术、控制技术、计算机技术等）使机械实现柔性化和智能化的技术。机械技术可以承受较大载荷，但不易实现微小和复杂运动的控制；而电子技术则相反，不能承受较大载荷，却容易实现微小运动和复杂运动的控制，使机械实现柔性化和智能化。机电一体化的目标是将机械技术与电子技术完美结合，充分发挥各自长处，实现互补。与其相关的学科应包括机械工程学科、检测与控制学科、电子信息学科三大块内容。

（2）机电一体化的本质

机电一体化技术的本质是将电子技术引入机械控制中，也就是利用传感器检测机械运动，将检测信息输入计算机，计算得到能够实现预期运动的控制信号，由此来控制执行装置。计算机软件的任务就是通过输入计算机的检测信息，计算得到能够实现预期运动的控制信号。另外，一件真正意义上的机电一体化产品应具备两个明显特征：一是产品中要有运动机械；二是采用了电子技术，使运动机械实现柔性化和智能化。

（3）机电一体化系统的组成与作用

采用机电一体化技术的最大作用是扩展新功能，增强柔性。首先，它是众多自动化技术中最重要的一种，如实现过程自动化（PA）、机械自动化（FA）、办公自动化（OA）等。其次，机电一体化技术又是按照用户个人的特殊需求来制造、提供产品的关键技术。一个机电一体化的系统主要是由机械装置、执行装置、动力源、传感器、计算机这五个要素构成，这五个部分在工作时相互协调，共同完成规定的任务。在机构上，各组成部分通过各种接口及相应的软件有机结合在一起，构成一个内部匹配合理、外部效能最佳的完整产品，如机器人就是一个十分典型的机电一体化系统。实际上，机电一体化系统是比较复杂的，有时某些构成要素是复合在一起的。构成机电一体化系统的几个部分并不是并列的。其中机械部分是主体，这不仅是由于机械本体是系统重要的组成部分，而且系统的主要功能必须由机械装置来完成，否则就不能称其为机电一体化产品。如电子计算机、非指针式电子表等，其主要功能已由电子器件和电路等完成，机械已退居次要地位，这类产品应归属于电子产品，而不是机电一体化产品。最后，机电一体化的核心是电子技术，电子技术包括微电子技术和电力电子技术，但重点是微电子技术，特别是微型计算机或微处理器。机电一体化需要多种新技术的结合，但首要的是微电子技术，不和微电子技术结合的机电产品不能称为机电一体化产品。如非数控机床，一般均由电动机驱动，但它不是机电一体化产品。除了微电子技术以外，在机电一体化产品中，其他技术则根据需要进行结合，可以是一种，也可以是多种。

（二）机电一体化是机械技术发展的必然趋势

机械技术的发展可概括为如下三个阶段，在这三个阶段中分别赋予机械不同的功能。进入机电一体化阶段，使得机械技术智能化，更好地代替人进行各项工作。

1.原始机械——减轻人的体力劳动

在远古时期，人类就创造并使用了杠杆、滑轮、斜面、螺旋等原始简单机械。原始机械仅用人力、畜力和水力来驱动，其功能是减轻人的体力劳动，是动力制约了机械的发展。

2.传统机械——替代人的体力劳动

18世纪瓦特发明了蒸汽机，揭开了工业革命的序幕；19世纪内燃机和电动机的发明是又一次技术革命。与原始机械相比，传统机械具有了自己的"心脏"——动力驱动，其功能不只是减轻人的体力劳动，而且可以替代人的体力劳动。

3.现代机械——替代人的脑力劳动

随着20世纪计算机的问世，机器人作为现代机械的典型代表被越来越广泛地应用于工业生产中，承担着许多人无法完成的工作。电子技术以及计算机与机械的结合使得机械变得越来越自动化、越来越智能化，机器甚至可以在无人操作下正常运行。现代机械正向着自动控制、信息化和智能化的方向发展。与传统机械相比，现代机械具有了自己的"大脑"——控制系统，其功能不只是替代人的体力劳动，而且还可以替代人的脑力劳动。1984年美国机械工程师学会（ASME）提出现代机械的定义为"由计算机信息网络协调与控制的，用于完成包括机械力、运动和能量流等动力学任务的机械和（或）机电部件一体化的机械系统"。可见，现代机械是机电一体化的机械系统。

（三）机电一体化技术的发展历程

机电一体化技术的发展有一个从自发状况向自为方向发展的过程，大体可以分为三个阶段。

20世纪60年代以前为第一阶段，称为初级阶段。在这一时期，人们自觉不自觉地利用电子技术的初步成果来完善机械产品的性能。如雷达伺服系统、数控机床、工业机器人等。由于当时电子技术的发展尚未达到一定水平，机械技术与电子技术的结合还不能广泛和深入发展，已经开发的产品也无法大量推广。

20世纪70～80年代为第二阶段，可称为蓬勃发展阶段。这一时期，计算机技术、控制技术、通信技术的发展，为机电一体化的发展奠定了技术基础。大规模集成电路和微型计算机的迅猛发展，为机电一体化的发展提供了充分的物质基础。机电一体化技术和产品得到了极大发展，各国均开始对机电一体化技术和产品给予很大的关注和支持。

20世纪90年代后期，开始了机电一体化技术向智能化方向迈进的新阶段，机电一体化进入深入发展时期。一方面，光学、通信技术等进入了机电一体化，微细加工技术也在机电一体化中崭露头角，出现了光机电一体化和微机电一体化等新分支；另一方面，对机电一体化系统的建模设计、分析和集成方法，机电一体化的学科体系和发展趋势都进行了深入研究。同时，人工智能技术、神经网络技术及光纤技术等领域取得的巨大进步，为机电一体化技术开辟了发展的广阔天地。这些研究将促使机电一体化进一步建立完整的基础和逐渐形成完整的科学体系。

（四）机电一体化产品

1.按功能分类

（1）数控机械类

数控机械类产品的特点是执行机构为机械装置，主要有数控机床、工业机器人、发动机控制系统及自动洗衣机等产品。

（2）电子设备类

电子设备类产品的特点是执行机构为电子装置，主要有电火花加工机床、线切割加工机床、超声波缝纫机及激光测量仪等产品。

（3）机电结合类

机电结合类产品的特点是执行机构为机械和电子装置的有机结合，主要有CT扫描仪、自动售货机、自动探伤机等产品。

（4）电液伺服类

电液伺服类产品的特点是执行机构为液压驱动的机械装置，控制机构为接收电信号的液压伺服阀，主要产品是机电一体化的伺服装置。

（5）信息控制类

信息控制类产品的特点是执行机构的动作完全由所接收的信息控制，主要有磁盘存储器、复印机、传真机及录音机等产品。

2.按机电结合程度和形式分类

机电一体化产品还可根据机电技术的结合程度分为功能附加型、功能替代型和机电融合型三类。

（1）功能附加型

在原有机械产品的基础上，采用微电子技术，使产品功能增加和增强，性能得到适当的提高，如经济型数控机床、数显量具、全自动洗衣机等。

（2）功能替代型

采用微电子技术及装置取代原产品中的机械控制功能、信息处理功能或主功能，使产品结构简化、性能提高、柔性增加，如自动照相机、电子石英表、线切割加工机床等。

（3）机电融合型

根据产品的功能和性能要求及技术规范，采用专门设计的或具有特定用途的集成电路来实现产品中的控制和信息处理等功能，因而使产品结构更加紧凑、设计更加灵活、成本进一步降低。复印机、摄像机、CNC数控机床等都是这一类机电一体化产品。

3.按产品用途分类

当然，如果按用途分类，机电一体化产品又可分为机械制造业机电一体化设备、电子器件及产品生产用自动化设备、军事武器及航空航天设备、家庭智能机电一体化产品、医学诊断及治疗机电一体化产品，以及环境、考古、探险、玩具等领域的机电一体化产品等。

4.典型的机电一体化产品

典型的机电一体化系统有数控机床、机器人、汽车电子化产品、智能化仪器仪表、电子排版印刷系统、CAD/CAM系统等。典型的机电一体化基础元、部件有电力电子器件及装置、可编程序控制器、模糊控制器、微型电机、传感器、专用集成电路、伺服机构等。

（1）自动机与自动生产线

在国民经济生产和生活中广泛使用的各种自动机械、自动生产线及各种自动化设备，是当前机电一体化技术应用的又一具体体现。例如：啤酒自动生产线、易拉罐灌装生产线、各种高速香烟生产线、各种印刷包装生产线、邮政信函自动分拣处理生产线、易拉罐自动生产线等。这些自动机或生产线中广泛应用了现代电子技术与传感技术，如可编程序控制器、变频调速器、人机界面控制装置与光电控制系统等。使用这些自动机和生产线的企业越来越多，对维护和管理这些设备的相关人员的需求也越来越多。

（2）机器人

机器人是20世纪人类最伟大的发明之一。从某种意义上讲，一个国家机器人技术水平的高低反映了这个国家综合技术实力的高低。机器人已在工业领域得到了广泛的应用，而且正以惊人的速度不断向军事、医疗、服务、娱乐等非工业领域扩展。毋庸置疑，21世纪机器人技术必将得到更大的发展，成为各国必争之知识经济制高点。

在计算机技术和人工智能科学发展的基础上，产生了智能机器人的概念。智能机器人是具有感知、思维和行动功能的机器，是机构学、自动控制、计算机、人工智能、微电子学、光学、通信技术、传感技术、仿生学等多种学科和技术的综合成果。智能机器人可获取、处理和识别多种信息，自主地完成较为复杂的操作任务，比一般的工业机器人具有更大的灵活性、机动性和更广泛的应用领域。智能机器人作为新一代生产和服务工具，在制造领域和非制造领域具有更广泛、更重要的位置，如核工业、水下、空间、农业、工程机械（地上和地下）、建筑、医用、救灾、排险、军事、服务、娱乐等方面，可代替人类完成各种工作。同时，智能机器人作为自动化、信息化的装置与设备，完全可以进入网络世界，发挥更多、更大的作用，这对人类开拓新的产业，提高生产水平与生活水平具有十分现实的意义。

二、机电一体化系统的基本组成要素

（一）机电一体化系统的功能构成

传统的机械产品主要是解决物质流和能量流的问题，而机电一体化产品除了解决物质流和能量流以外，还要解决信息流的问题。机电一体化系统的主要功能就是对输入的物质、能量与信息（所谓工业三大要素）按照要求进行处理，输出具有所需特性的物质、能量与信息。

任何一个产品都是为满足人们的某种需求而开发和生产的，因而都具有相应的目的功能。机电一体化系统主要有变换（加工、处理）、传递（移动、输送）、储存（保持、积蓄、记录）三个目的功能。主功能也称为执行功能，是系统的主要特征部分，完成对物质、能量、信息的交换、传递和储存。机电一体化系统除了具备主功能外，还应具备动力功能、检测功能、控制功能、构造功能等其他功能。

加工机是以物料搬运、加工为主，输入物质（原料、毛坯等）、能量（电能、液能、气能等）和信息（操作及控制指令等），经过加工处理，主要输出改变了位置和形态的物质的系统（或产品），如各种机床、交通运输机械、食品加工机械、起重机械、纺织机械、印刷机械、轻工机械等。

动力机，其中输出机械能的为原动机，是以能量转换为主，输入能量（或物质）和信息，输出不同能量（或物质）的系统（或产品），如电动机、水轮机、内燃机等。

信息机是以信息处理为主，输入信息和能量，主要输出某种信息（如数据、图像、文字、声音等）的系统（或产品），如各种仪器、仪表、计算机、传真机及各种办公机械等。

（二）机电一体化系统的组成要素

一个典型的机电一体化系统应包含以下几个基本要素：机械本体、动力与驱动部分、执行机构、传感测试部分、控制及信息处理部分。我们将这些部分归纳为结构组成要素、动力组成要素、运动组成要素、感知组成要素、智能组成要素，这些组成要素内部及其之间，形成通过接口耦合来实现运动传递、信息控制、能量转换等有机融合的一个完整系统。

1.组成要素

（1）机械本体

机电一体化系统的机械本体包括机身、框架、连接等。由于机电一体化产品技术性能、水平和功能的提高，机械本体要在机械结构、材料、加工工艺以及几何尺寸等方面适应产品高效率、多功能、高可靠性和节能、小型、轻量、美观等要求。

（2）动力与驱动部分

动力部分是按照系统控制要求，为系统提供能量和动力使系统正常运行。用尽可能小的动力输入获得尽可能大的功能输出，这是机电一体化产品的显著特征之一。驱动部分是在控制信息作用下提供动力，驱动各执行机构完成各种动作和功能。机电一体化系统一方面要求驱动的高效率和快速响应特性，同时要求对水、油、温度、尘埃等外部环境的适应性和可靠性。由于电力电子技术的高度发展，高性能的步进驱动、直流伺服和交流伺服驱动方式大量应用于机电一体化系统。[1]

（3）传感测试部分

对系统运行中所需要的本身和外界环境的各种参数及状态进行检测，变成可识别信号，传输到信息处理单元，经过分析、处理后产生相应的控制信息。其功能一般由专门的传感器及转换电路完成。

（4）执行机构

根据控制信息和指令，完成要求的动作。执行机构是运动部件，一般采用机械、电磁、电液等机构。根据机电一体化系统的匹配性要求，需要考虑改善系统的动、静态性能，如提高刚性、减小重量和适当的阻尼，应尽量考虑组件化、标准化和系列化，提高系统的整体可靠性等。

（5）控制及信息处理部分

将来自各传感器的检测信息和外部输入命令进行集中、储存、分析、加工，根据信息处理结果，按照一定的程序和节奏发出相应的指令，控制整个系统有目的地运行。一般由计算机、可编程控制器（PLC）、数控装置及逻辑电路、A/D 与 D/A 转换、I/O（输入输出）接口和计算机外部设备等组成。机电一体化系统对控制和信息处理单元的基本要求是提高信息处理速度、可靠性、抗干扰能力，以及完善系统自诊断功能、实现信息处理智能化。

2.组成原则

在机电一体化系统中，上述元素和它们各自内部各环节之间都遵循接口耦合、运动传递、信息控制、能量转换的原则，我们称它们为四大原则。

---

[1]李景湧.机械电子工程导论 [M]2 版.北京：北京邮电大学出版社，2017.

（1）接口耦合

变换：两个需要进行信息交换和传输的环节之间，由于信息的模式不同（数字量与模拟量、串行码与并行码、连续脉冲与序列脉冲等），无法直接实现信息或能量的交流，需要通过接口完成信息或能量的统一。

放大：在两个信号强度悬殊的环节间，经接口放大，达到能量的匹配。

耦合：变换和放大后的信号在环节间能可靠、快速、准确地交换，必须遵循一致的时序、信号格式和逻辑规范。接口具有保证信息的逻辑控制功能，使信息按规定模式进行传递。

（2）能量转换

包含了执行器、驱动器。涉及不同类型能量间的最优转换方法与原理。

（3）信息控制

在系统中，所谓智能组成要素的系统控制单元在软、硬件的保证下，完成数据采集、分析、判断、决策，以达到信息控制的目的。对于智能化程度高的系统，还包含了知识获取、推理及知识自学习等以知识驱动为主的信息控制。

（4）运动传递

运动传递是指运动各组成环节之间的不同类型运动的变换与传输，如位移变换、速度变换、加速度变换及直线运动和旋转运动变换等。运动传递还包括以运动控制为目的的运动优化设计，目的是提高系统的伺服性能。例如：我们日常使用的全自动照相机就是典型的机电一体化产品，其内部装有测光测距传感器，测得的信号由微处理器进行处理，根据信息处理结果控制微型电动机，由微型电动机驱动快门、变焦及卷片倒片机构，从测光、测距、调光、调焦、曝光到卷片、倒片、闪光及其他附件的控制都实现了自动化。又如，汽车上广泛应用的发动机燃油喷射控制系统也是典型的机电一体化系统。分布在发动机上的空气流量计、水温传感器、节气门位置传感器、曲轴位置传感器、进气歧管绝对压力传感器、爆燃传感器、氧传感器等连续不断地检测发动机的工作状况和燃油在燃烧室的燃烧情况，并将信号传给电子控制装置ECU。ECU首先根据进气歧管绝对压力传感器或空气流量计的进气量信号及发动机转速信号计算基本喷油时间，然后再根据发动机的水温、节气门开度等工作参数信号对其进行修正，确定当前工况下的最佳喷油持续时间，从而控制发动机的空燃比。此外，根据发动机的要求，ECU还具有控制发动机的点火时间、怠速转速、废气再循环、故障自诊断等功能。

三、机电一体化关键技术

系统论、信息论、控制论的建立，微电子技术，尤其是计算机技术的迅猛发展引起了科学技术的又一次革命，导致了机械工程的机电一体化。如果说系统论、信息论、控制论是机电一体化技术的理论基础，那么微电子技术、精密机械技术等就是它的技术基础。微电子技术，尤其是微型计算机技术的迅猛发展，为机电一体化技术的进步与发展提供了前提条件。

（一）理论基础

系统论、信息论、控制论是机电一体化技术的理论基础，也是机电一体化技术的方法论。开展机电一体化技术研究时，无论在工程的构思、规划、设计方面，还是在它的实施或实现方面，都不能只着眼于机械或电子，不能只看到传感器或计算机，而是要用系统的观点，合理解决信息流与控制机制问题，有效地综合有关技术，才能形成所需要的系统或产品。给定机电一体化系统目的与规格后，机电一体化技术人员利用机电一体化技术进行设计、制造的整个过程称为机电一体化工程。实施机电一体化工程的结果，是新型的机电一体化产品。

系统工程是系统科学的一个工作领域，而系统科学本身是一门关于"针对目的要求而进行合理的方法学处理"的边缘学科。系统工程的概念不仅包括"系统"，即具有特定功能的、相互之间具有有机联系的众多要素构成的一个整体，也包括"工程"，即产生一定效能的方法。机电一体化技术是系统工程科学在机械电子工程中的具体应用。具体地讲，就是以机械电子系统或产品为对象，以数学方法和计算机等为工具，对系统的构成要素、组织结构、信息交换和反馈控制等功能进行分析、设计、制造和服务，从而达到最优设计、最优控制和最优管理的目标，以便充分发挥人力、物力和财力，通过各种组织管理技术，使局部与整体之间协调配合，实现系统的综合最优化。

机电一体化系统是一个包括物质流、能量流和信息流的系统，而有效地利用各种信号所携带的丰富信息资源则有赖于信号处理和信号识别技术。考察所有机电一体化产品，就会看到准确的信息获取、处理、利用在系统中所起的实质性作用。

将工程控制论应用于机械工程技术而派生的机械控制工程，为机械技术引入了崭新的理论、思想和语言，把机械设计技术由原来静态的、孤立的传统设计思想引向动态的、系统的设计环境，使科学的辩证法在机械技术中得以体现，为机械设计技术提供了丰富的现代设计方法。

（二）关键技术

发展机电一体化技术所面临的共性关键技术包括精密机械技术、传感检测技术、伺服驱动技术、计算机与信息处理技术、自动控制技术、接口技术和系统总体技术等。现代的机电一体化产品甚至还包含了光、声、化学、生物等技术的应用。[①]

1.机械技术

机械技术是机电一体化的基础。随着高新技术引入机械行业，机械技术面临着挑战和变革。在机电一体化产品中，它不再是单一地完成系统间的连接，而是要优化设计系统结构、质量、体积、刚性和寿命等参数对机电一体化系统的综合影响。机械技术的着眼点在于如何与机电一体化的技术相适应，利用其他高新技术来更新概念，实现结构上、材料上、性能上及功能上的变更，满足减少质量、缩小体积、提高精度、提高刚度、改善性能和增加功能的要求。尤其那些关键零部件，如导轨、滚珠丝杠、轴承、传动部件等的材料、精度对机电一体化产品的性能、控制精度影响很大。

在制造过程中的机电一体化系统，经典的机械理论与工艺应借助于计算机辅助技术，同时采用人工智能与专家系统等，形成新一代的机械制造技术。这里原有的机械技术以知识和技能的形式存在。如计算机辅助工艺规程编制（CAPP）是目前CAD/CAM系统研究的瓶颈，其关键问题在于如何将各行业、企业、技术人员中的标准、习惯和经验进行表达和陈述，从而实现计算机的自动工艺设计与管理。

2.传感与检测技术

传感与检测装置是系统的感受器官，它与信息系统的输入端相连并将检测到的信息输送到信息处理部分。传感与检测是实现自动控制、自动调节的

---

①董爱梅.机电一体化技术[M].北京：北京理工大学出版社，2020.

关键环节，它的功能越强，系统自动化程度就越高。传感与检测的关键元件是传感器。

机电一体化系统或产品的柔性化、功能化和智能化都与传感器的品种多少、性能好坏密切相关。传感器的发展正进入集成化、智能化阶段。传感器技术本身是一门多学科、知识密集的应用技术。传感原理、传感材料及加工制造装配技术是传感器开发的三个重要方面。

传感器是将被测量（包括各种物理量、化学量和生物量等）变换成系统可识别的、与被测量有确定对应关系的有用电信号的一种装置。现代工程技术要求传感器能快速、精确地获取信息，并能经受各种严酷环境的考验。与计算机技术相比，传感器的发展显得缓慢，难以满足技术发展的要求。不少机电一体化装置不能达到满意的效果或无法实现设计的关键原因在于没有合适的传感器。因此大力开展传感器的研究，对于机电一体化技术的发展具有十分重要的意义。

3.伺服驱动技术

伺服系统是实现电信号到机械动作的转换装置或部件，对系统的动态性能、控制质量和功能具有决定性的影响。伺服驱动技术主要是指机电一体化产品中的执行元件和驱动装置设计中的技术问题，它涉及设备执行操作的技术，对所加工产品的质量有直接的影响。机电一体化产品中的伺服驱动执行元件包括电动、气动、液压等各种类型，其中电动式执行元件居多。驱动装置主要是各种电动机的驱动电源电路，目前多由电力电子器件及集成化的功能电路构成。在机电一体化系统中，通常微型计算机通过接口电路与驱动装置相连接，控制执行元件的运动，执行元件通过机械接口与机械传动和执行机构相连，带动工作机械做回转、直线及其他各种复杂的运动。常见的伺服驱动有电液马达、脉冲油缸、步进电机、直流伺服电机和交流伺服电机等。由于变频技术的发展，交流伺服驱动技术取得突破性进展，为机电一体化系统提供了高质量的伺服驱动单元，极大地促进了机电一体化技术的发展。

4.信息处理技术

信息处理技术包括信息的交换、存取、运算、判断和决策，实现信息处理的工具大都采用计算机，因此计算机技术与信息处理技术是密切相关的。计算机技术包括计算机的软件技术和硬件技术、网络与通信技术、数据技术等。机电一体化系统中主要采用工业控制计算机（包括单片机、可编程序控制器等）进行信息处理。人工智能技术、专家系统技术、神经网络技术等都属于计算机信息处理技术。

在机电一体化系统中，计算机信息处理部分指挥整个系统的运行。信息处理是否正确、及时，直接影响到系统工作的质量和效率。因此，计算机应用及信息处理技术已成为促进机电一体化技术发展和变革的最活跃的因素。

5.自动控制技术

自动控制技术范围很广，机电一体化的系统设计是在基本控制理论指导下，对具体控制装置或控制系统进行设计；对设计后的系统进行仿真，现场调试；最后使研制的系统可靠地投入运行。由于控制对象种类繁多，所以控制技术的内容极其丰富，如高精度定位控制、速度控制、自适应控制、自诊断、校正、补偿、再现、检索等。

随着微型机的广泛应用，自动控制技术越来越多地与计算机控制技术联系在一起，成为机电一体化中十分重要的关键技术。

6.接口技术

机电一体化系统是机械、电子、信息等性能各异的技术融为一体的综合系统，其构成要素和子系统之间的接口极其重要，主要有电气接口、机械接口、人机接口等。电气接口实现系统间信号联系，机械接口则完成机械与机械部件、机械与电气装置的连接，人机接口提供人与系统间的交互界面。接口技术是机电一体化系统设计的关键环节。

7.系统总体技术

系统总体技术是一种从整体目标出发，用系统的观点从全局角度出发，将总体分解成相互有机联系的若干单元，找出能完成各个功能的技术方案，再把功能和技术方案组成方案组进行分析、评价和优选的综合应用技术。系统总体技术解决的是系统的性能优化问题和组成要素之间的有机联系问题，即使各个组成要素的性能和可靠性很好，如果整个系统不能很好协调，系统也很难保证正常运行。

在机电一体化产品中，机械、电气和电子是性能、规律截然不同的物理模型，因而存在匹配上的困难；电气、电子又有强电与弱电及模拟与数字之分，必然遇到相互干扰和耦合的问题；系统的复杂性带来可靠性问题；产品的小型化增加的状态监测与维修困难；多功能化造成诊断技术的多样性等。因此就要考虑产品整个寿命周期的总体综合技术。

为了开发出具有较强竞争力的机电一体化产品，系统总体设计除考虑优化设计外，还包括可靠性设计、标准化设计、系列化设计及造型设计等。机电一体化技术有着自身的显著特点和技术范畴，为了正确理解和恰当运用机电一体化技术，还必须认识机电一体化技术与其他技术之间的区别。

（1）机电一体化技术与传统机电技术的区别

传统机电技术的操作控制主要以电磁学原理为基础的各种电器来实现，如继电器、接触器等，在设计中不考虑或很少考虑彼此间的内在联系。机械本体和电气驱动界限分明，整个装置是刚性的，不涉及软件和计算机控制。机电一体化技术以计算机为控制中心，在设计过程中强调机械部件和电器部件间的相互作用和影响，整个装置在计算机控制下具有一定的智能性。

（2）机电一体化技术与并行技术的区别

机电一体化技术将机械技术、微电子技术、计算机技术、控制技术和检测技术在设计和制造阶段就有机结合在一起，十分注意机械和其他部件之间的相互作用。并行技术是将上述各种技术尽量在各自范围内齐头并进，只在不同技术内部进行设计制造，最后通过简单叠加完成整体装置。

（3）机电一体化技术与自动控制技术的区别

自动控制技术的侧重点是讨论控制原理、控制规律、分析方法和自动系统的构造等。机电一体化技术是将自动控制原理及方法作为重要支撑技术，将自控部件作为重要控制部件。它应用自控原理和方法，对机电一体化装置进行系统分析和性能测算。

（4）机电一体化技术与计算机应用技术的区别

机电一体化技术是将计算机作为核心部件应用，目的是提高和改善系统性能。计算机在机电一体化系统中的应用仅仅是计算机应用技术中的一部分，它还包括办公、管理及图像处理等广泛应用。机电一体化技术研究的是机电一体化系统，而不是计算机应用本身。

四、机电一体化技术的主要特征与发展趋势

(一) 机电一体化的技术特点

1.机电一体化的优越性

(1) 显著提高设备的使用安全性

在工作过程中，遇到过载、过压、过流、短路等电力故障时，机电一体化产品一般都具有自动监视、报警、自动诊断、自动保护等功能，使用安全性和可靠性提高，避免和减少人身和设备事故，能自动采取保护措施。

(2) 保证最佳的工作质量和产品的合格率

通过自动控制系统可精确地保证机械的执行机构按照设计的要求完成预定的动作，使之不受机械操作者主观因素的影响，生产能力和工作质量提高。由于机电一体化产品实现了工作的自动化，数控机床对工件的加工稳定性大大提高，使得生产能力大大提高。机电一体化产品大都具有信息自动处理和自动控制功能，其控制和检测的灵敏度、精度及范围都有很大程度的提高。同时，生产效率比普通机床提高5～6倍。

(3) 机电一体化产品普遍采用程序控制和数字显示

机电一体化使得操作大大简化并且方便、简单，操作按钮和手柄数量显著减少。机电一体化产品的工作过程根据预设的程序逐步由电子控制系统指挥实现，使用性能改善。系统可重复实现全部动作，高级的机电一体化产品可通过被控对象的数学模型及外界参数的变化随机自寻最佳工作程序，实现自动最优化操作。

(4) 机电一体化产品一般具有很多功能

机电一体化产品一般具有自动化控制、自动补偿、自动校验、自动调节、自动保护和智能化等多种功能。机电一体化使其应用范围大幅扩大，具有复合技术和复合功能。例如满足用户需求的应变能力较强，能应用于不同的场合和不同领域。机电一体化产品跳出了机电产品的单一技术和单一功能的限制，电子式空气断路器具有保护特性可调、选择性脱扣、正常通过电流与脱扣时电流的测量、显示和故障自动诊断等功能，使产品的功能水平和自动化程度大大提高，具有复合功能并且适用面广。

（5）机电一体化产品的自动措施

机电一体化产品的自动化检验和自动监视功能可对工作过程中出现的故障自动采取措施。这些控制程序可通过多种手段输入到机电一体化产品的控制系统中，而不需要改变产品中的任何部件或零件。即可按指定的预定程序进行自动工作，使工作恢复正常，对于具有存储功能的机电一体化产品，可通过改变控制程序来实现工作方式的改变，然后根据不同的工作对象进行调整和维护。机电一体化产品在安装调试时，只需给定一个代码信号输入，可以事先存入若干套不同的执行程序，以满足不同用户对象的需要及现场参数变化的需要。

2.机电一体化的技术特点

（1）综合性

机电一体化技术是由机械技术、电子技术、微电子技术和计算机技术等有机结合形成的一门跨学科的边缘科学。各种相关技术被综合成一个完整的系统，在这一系统中，它们相互苛刻要求，彼此又取长补短，从而不断地向着理想化的技术发展。因此，机电一体化技术是具有综合性的高水平技术。

（2）应用性

机电一体化技术是以机械为母体，以实践机电产品开发和机电过程控制为基础的技术，是可以渗透到机械系统和产品的普遍应用性技术，几乎不受行业限制。机电一体化技术应用计算机技术，以信息化为内涵，以智能化为核心，开发和生产了性能更好的、功能更强的机电一体化系统和产品。

（3）系统性

机电一体化是将工业产品和过程利用各种技术综合成一个完整的系统，强调各种技术的协同和集成，强调层次化和系统化。无论从单参数、单级控制到多参数、多级控制，还是从单件单品生产工艺到柔性及自动化生产线，直到整个系统工程设计，机电一体化技术都体现在系统各个层次的开发和应用中。

（4）可靠性

机电一体化系统几乎没有机械磨损，因此系统的寿命提高，故障率降低，可靠性和稳定性增强。有些机电一体化系统甚至可以做到不需要维修，具有自动诊断、自动修复的功能。

（二）机电一体化的发展趋势

1.智能化

随着科学技术的发展，机电一体化技术"全息"的特征越来越明显，智能化水平越来越高。这主要得益于模糊技术与信息技术的发展。智能化是机电一体化与传统机械自动化的主要区别之一，也是未来机电一体化的发展方向。机电产品应具有一定的智能，使它具有类似人的逻辑思考、判断处理、自主决策能力。近几年，处理器速度的提高和微机的高性能化、传感器系统的集成化与智能化为嵌入智能控制算法创造了条件，有力地推动着机电一体化产品向智能化方向发展。

2.模块化

模块化是一项重要而艰巨的工程。由于机电一体化产品种类繁多，研制和开发具有标准机械接口、电气接口等接口的机电一体化产品单元变得至关重要，如研制集减速、智能调速、电机于一体的动力单元，具有视觉、图像处理、识别和测距等功能的控制单元，以及各种能完成典型操作的机械装置，这样可利用标准单元迅速开发出新产品。为了达到以上目的，还需要制定各种标准，以便各部件、单元的匹配和接口。

3.绿色化

科学技术的发展给人们的生活带来巨大变化，在物质丰富的同时也带来资源减少、生态环境恶化的后果。所以开发和研制出绿色环保的产品变得至关重要。绿色产品是指低能耗、低耗材、低污染、可再生利用的产品。在研制、使用过程中符合环保的要求，销毁处理时对环境污染小，在整个使用周期内不污染环境，可持续利用。

4.微型化

微型化是精细加工技术发展的必然，也是提高效率的需要。微机电系统可批量制作，机械部分和电子完全可以"融合"，机体、执行机构、传感器等器件可以集成在一起，减小体积，这种微型的机电一体化产品也是重要的发展方向。自1986年美国斯坦福大学研制出第一个医用微探针、1988年美国加州大学研制出第一个微电机以来，国内外在MEMS工艺、材料及微观机理研究方面取得了很大进展，开发出各种MEMS器件和系统，如各种微型传感器和微构件等。

25

5.集成化

集成化既包含各种技术的相互渗透、相互融合和各种产品不同结构的优化与复合,又包含在生产过程中同时处理加工、装配、检测、管理等多种工序。为了实现多品种、小批量生产的自动化与高效率,应用系统具有更广泛的柔性。首先可将系统分解为若干层次,使系统功能分散,并使各部分协调、安全运转;然后再通过执行部分将各个层次有机地联系起来,使其性能最优、功能最强。

6.数字化

微控制器及其发展奠定了机电产品数字化的基础,如不断发展的数控机床和机器人;同时计算机网络的发展为数字化设计与制造奠定了基础,如虚拟设计、计算机集成制造等。数字化要求机电一体化产品的软件具有高可靠性、易操作性、可维护性、自诊断能力以及人机交互界面。数字化的实现将便于远程操作、诊断和修复。机电一体化技术是一个多种学科技术相互融合影响的技术,是科技发展的见证和结晶,随着科学技术水平的不断提升,机电一体化技术的发展前景也变得更加广阔。

五、机电一体化系统设计开发过程

机电一体化系统设计是多个学科的交叉和综合,涉及的学科和技术非常广泛,其技术发展迅速,水平越来越高。由于机电一体化产品覆盖面很广,在系统的构成上有着不同的层次,但在系统设计方面有着相同的规律。机电一体化系统设计是根据系统论的观点,运用现代设计的方法构造产品结构、赋予产品性能并进行产品设计的过程。

(一)设计筹划阶段

在筹划阶段要对设计目标进行机理分析,对客户的要求进行理论性抽象,以确定产品的性能、规格、参数。在这个阶段,因为用户需求往往是面向产品的使用目的,并不全是设计的技术参数,所以需要对用户的需求进行抽象,要在分析对象工作原理的基础上,澄清用户需求的目的、原因和具体内容,经过理论分析和逻辑推理,提炼出问题的本质和解决问题的途径,并用工程语言描述设计要求,最终形成产品的规格和参数。就机械而言,它包括如下几个方面:①运动参数,表征机器工作部件的运动轨迹和行程、速度和加速度。②动力参数，表征机器为完成加工动作应输出的力（或力矩）和功率。③品质参数，表征机器工作的运动精度、动力精度、稳定性、灵敏度和可靠性。④环境参数，表征机器工作的环境，如温度、湿度、输入电源。⑤结构参数，表征机器空间几何尺寸、结构、外观造型。⑥界面参数，表征机器的人机对话方式和功能。

在这个阶段要根据设计参数的需求，开展技术性分析，制订系统整体设计方案，划分出构成系统的各功能要素和功能模块，然后对各类方案进行可行性研究对比，核定最佳总体设计方案、各个模块设计的目标与相关人员的配备。系统设计方案文件的内容如下：①系统的主要功能、技术指标、原理图及文字说明。②控制策略及方案。③各功能模块的性能要求，模块实现的初步方案及输出输入逻辑关系的参数指标。④方案比较和选择的初步确定。⑤为保证系统性能指标所采取的技术措施。⑥抗干扰及可靠性设计策略。⑦外观造型方案及机械主体方案。⑧经费和进度计划的安排。

（二）理论设计阶段

第一，根据系统的主要功能要求和构成系统的功能要素进行主功能分解，划分出功能模块，画出机器工作时序图和机器传动原理简图；对于有过程控制要求的系统应建立各要素的数学模型，确定控制算法；计算出各功能模块之间接口的输入、输出参数，确定接口设计的任务分配。应当说明的是，系统设计过程中的接口设计是对接口输入输出参数或机械结构参数的设计，而功能模块设计中的接口设计则是遵照系统设计制定的接口参数进行细部设计，实现接口的技术物理效应，两者在设计内容和设计分工上是不同的。不同类型的接口，其设计要求有所不同。传感器是机电一体化系统的感觉器官，它从待测对象那里获得反映待测对象特征与状态的信息，监视监测整个设备的工作过程，传感器接口要求传感器与被测对象机械量信号源应有直接关系，保证标度转换及数学建模快速、准确、可靠，传感器与机械本体之间连接简洁、牢固，灵敏度高、动态性能好，抗机械谐波干扰性强，正确反映待测对象的被测参数。变送接口要满足传感器模块的输出信号与微机前向通道电气参数的匹配及远距离信号传输的要求，接口信号的传输要精确、可靠性强、抗干扰能力强、噪声容限较低；传感器的输出阻抗要与接口的输入阻抗相配合；接口输出的电平要与微机的电平一致；为方便微机进行信号处理，接口输入信号和输出信号之间的关系必须是线性关系。驱动接口要能满足接口的输入端与微机系统的后向通道在电平上保持一致，接口的输出端与功率驱动模块的输入端之间电平匹配的同时，阻抗也要匹配。为防止功率设备的强电回路反窜入微机系统，接口必须采取有效的抵抗干扰措施。传动接口是一个机械接口，要求它的连接结构紧凑、轻巧，具有较高的传动精度和定位精度，安装、维修、调整简单方便，传动效率高。

第二，以功能模块为单元，依据以上接口设计参数的要求对信号检测与转换、机械传动与工作机构、控制微机、功率驱动及执行元件等进行各个功能模块的选型、组配、设计。此阶段的设计工作量较大，既包括机械、电气、电子、控制与计算机软件等系统的设计，又包括总装图、零件图的具体模块选型、组配。一方面不仅要求在机械系统设计时选择的机械系统参数要与控制系统的电气参数相匹配，同时也要求在进行控制系统设计时，要根据机械系统的固有结构参数来选择及确定相关电气参数，综合应用微电子技术与机械技术，让两项技术互相结合、互相协调、互相补充，把机电一体化的优越性充分体现出来。为提高工效，应该尽量应用各种 CAD、PRO/E 等辅助工具；整个设计应尽量采用通用的模块和接口，以利于整体匹配及后期进行产品的更新换代。

第三，以技术文件的方式对完整的系统设计采取整体技术经济指标分析，设计目标考核与系统优化，择优选择综合性能指标最优的方案。其中，系统功能分解应综合运用机械技术和电子技术各自的优势，努力使系统构成简单化、模块化。经常用到的设计策略有如下几种：①用电子装置替代机械传动，缩减机械传动装置，简化机械结构，减小尺寸，减轻重量，增强系统运动精度和控制灵活性。②在选择功能模块时要选用标准模块、通用模块，防止重复设计低水平的功能模块，采用可靠的高水平模块，以利于减少设计与开发的周期。③加强柔性应用功能，改变产品的工作方式，让硬件的组成软件化、系统的构成智能化。④设计策略选择要以微机系统作为整个设计的核心。

（三）机电一体化系统典型实例

1.机器人

机器人是能够自动识别对象或其动作，根据识别，自动决定应采取动作的自动化装置。它能模拟人的手、臂的部分动作，实现抓取、搬运工件或操纵工具等。它综合了精密机械技术、微电子技术、检测传感技术和自动控制技术等领域的最新成果，是具有发展前途的机电一体化典型产品。机器人技术的应用会越来越广，将对人类的生产和生活产生巨大的影响。可以说，任何一个国家如果没有拥有一定数量和质量的机器人，就不具备进行国际竞争所必需的工业基础。

机器人的发展大致经过了三个阶段。第一代机器人为示教再现型机器人，为了让机器人完成某项作业，首先由操作者将完成该作业所需的各种知识（如运动轨迹、作业条件、作业顺序、作业时间等）通过直接或间接的手段对机器人进行示教，机器人将这些知识记忆下来，然后根据再现指令，在一定的精度范围内，忠实地重复再现各种被示教的动作。第二代机器人通常是指具有某种智能（如触觉、听觉、视觉等）的机器人，即由传感器得到的触觉、听觉、视觉等信息经计算机处理后，控制机器人完成相应的操作。第三代机器人通常是指具有高级智能的机器人，其特点是具有自学习和逻辑判断能力，可以通过各类传感器获取信息，经过思考做出决策，以完成更复杂的操作。

一般认为机器人具备以下要素：思维系统（相当于脑）；工作系统（相当于手）；移动系统（相当于脚）；非接触传感器（相当于耳、鼻、目）；接触传感器（相当于皮肤）。如果对机器人能力的评价标准与对生物能力的评价标准一样，即从智能、机能和物理能三个方面进行评价，机器人能力与生物能力具有一定的相似性。

机器人一般由执行系统、驱动系统、控制系统、检测传感系统和人工智能系统等组成，各系统功能如下。

第一，执行系统。执行系统是完成抓取工件（或工具）实现所需运动的机械部件，包括手部、腕部、臂部、机身及行走机构。

第二，驱动系统。驱动系统的作用是向执行机构提供动力。随驱动目标的不同，驱动系统的传动方式有液动、气动、电动和机械式四种。

第三，控制系统。控制系统是机器人的指挥中心，它控制机器人按规定的程序运动。控制系统可记忆各种指令信息（如动作顺序、运动轨迹、运动速度及时间等），同时按指令信息向各执行元件发出指令。必要时还可对机器人动作进行监视，当动作有误或发生故障时即发出警报信号。

第四，检测传感系统。它主要检测机器人执行系统的运动位置、状态，并随时将执行系统的实际位置反馈给控制系统，并与设定的位置进行比较，然后通过控制系统进行调整，从而使执行系统以一定的精度达到设定的位置状态。

第五，人工智能系统。该系统主要赋予机器人自动识别、判断和适应性操作。

2.视觉传感式变量喷药系统简介

在农业方面，近年来发达国家（如美国、英国）都投入大量资金进行现代农业技术的开发。先后开发出了精确变量播种机、精确变量施肥机以及精确变量喷药机等。它们都是与机器人极为相似的自动化系统，是高新技术在农业中的应用。

视觉传感变量喷药系统是以较少药剂有效控制杂草、提高产量、减少成本的一种自动化药物喷洒机械。近年来，随着杂草识别的视觉感知技术与变量喷药控制等技术的成熟，这种视觉传感式变量喷药机械也趋于成熟。下面就以这种系统为例，对它的组成及工作原理做一简要介绍。

（1）系统的组成

一般地说，这种机器由图像信息获取系统、图像信息处理系统、决策支持系统、变量喷洒系统，以及机器行走系统组成。各子系统的主要功能如下所述：

图像信息获取系统：主要由彩色数码相机（如 PULNIX、TMC-7ZX 等）和高速图像数据采集卡（如 CX100、IMAGENATION、INC 等）组成。采集卡一般置于机载计算机中。

图像信息处理系统：是基于影像信息的提取算法，由计算机高级语言（如 C++等）开发出的一种软件系统。它能够快速准确地提取出影像数据中包含的人们所需的信息（如杂草密度、草叶数量、无作物间距区域面积等）。

决策支持系统：由高级语言开发出的一种软件系统。它能够基于信息处理系统，对得到的有用信息与人们的决策要求进行综合判断，最后做出所需的决策。

变量喷洒系统：变量喷洒系统是基于视觉信息的控制器，由若干可调节喷药流量与雾滴大小的变量喷头组成。

机器行走系统：其由发动机、机身、车轮等组成。

（2）工作原理

当机器在田间行走时，置于机器上离地面具有一定高度的彩色数码相机就会扫描一定大小的地面。

与此同时，高速图像数据采集卡将彩色数码相机获取的信息存入计算机中。然后，由图像信息处理系统快速地将地面杂草的密度、草叶数量、作物密度及无植被区域面积等信息提取出来，并由决策支持系统调用这些信息，经过数据处理得到所需的行走速度、药液流量和雾滴大小等的决策。这些决策被传输给药滴大小控制器以及流量控制器，随之它们就控制管路中的压力和PWM脉宽调制变量喷头，从而实现了精确变量喷药。这样一方面减少了药量，降低了成本；另一方面保护作物，减少对环境的污染。据报道，与传统的喷洒方法比较，变量喷药系统在杂草高密区可节约药液18%，在杂草低密区可节约药液17%。

3.数控机床

数控机床是由计算机控制的高效率自动化机床。它综合应用了电子计算机、自动控制、伺服驱动、精密测量和新型机械结构等多方面的技术成果，是今后机床控制的发展方向。随着数控技术的迅速发展，数控机床在机械加工中的地位将越来越重要。

（1）数控机床的工作原理

数控机床加工零件时，是将被加工零件的工艺过程、工艺参数等用数控语言编制成加工程序，这些程序是数控机床的工作指令。将加工程序输入到数控装置，再由数控装置控制机床主设备的变速、起停，运动的方向、速度和位移量，以及其他辅助装置严格地按照加工程序规定的顺序、轨迹和参数进行工作，从而加工出符合要求的零件。为了提高加工精度，一般还装有位置检测反馈回路，这样就构成了闭环控制系统。

（2）数控机床的组成

数控机床主要由控制介质、数控装置、伺服检测系统和机床本体四部分组成。

控制介质：用于记载各种加工信息（如零件加工的工艺过程、工艺参数和位移数据等），以控制机床的运动，实现零件的机械加工。常用的控制介质有磁带、磁盘和光盘等。控制介质上记载的加工信息经输入装置输送给数控装置。常用的输入装置有磁盘驱动器和光盘驱动器等，对于用微处理机控制的数控机床，也用操作面板上的按钮和键盘将加工程序直接输入，并在CRT显示器上显示。

数控装置：数控装置是数控机床的核心，它的功能是接收输入装置输送的加工信息，经过数控装置的系统软件或电路进行译码、运算和逻辑处理后，发出相应的脉冲指令给伺服系统，通过伺服系统控制机床的各个运动部件按规定要求动作。

伺服系统及位置检测装置：伺服系统由伺服驱动电机和伺服驱动装置组成，它是数控系统的执行部分。由机床的执行部件和机械传动部件组成数控机床的进给系统，它根据数控装置发来的速度和位移指令控制执行部件的进给速度、方向和位移量。每个进给运动的执行部件都配有一套伺服系统。伺服系统有开环、闭环和半闭环之分，在闭环和半闭环伺服系统中，还需配有位置测量装置，直接或间接测量执行部件的实际位移量。

机床本体及机械部件：数控机床的本体及机械部件包括主动运动部件、进给运动执行部件（如工作台、刀架）、传动部件和床身立柱等支承部件，此外还有冷却、润滑、转位和夹紧等辅助装置，对于加工中心类的数控机床，还有存放刀具的刀库和交换刀具的机械手等部件。

4.计算机集成制造系统

近年来世界各国都在大力开展计算机集成制造系统（computer integrated manufacturing system，CIMS）方面的研究工作。CIMS是计算机技术和机械制造业相结合的产物，是机械制造业的一次技术革命。

（1）CIMS的结构

随着计算机技术的发展，机械工业自动化已逐步从过去的大批量生产方式向高效率、低成本的多品种、小批量自动化生产方式转变。CIMS就是为了实现机械工厂的全盘自动化和无人化。其基本思想就是按系统工程的观点将整个工厂组成一个系统，用计算机对产品的初始构思和设计直至最终的装配和检验的全过程实现管理和控制。对于CIMS，只需输入所需产品的有关市场及设计的信息和原材料，就可以输出经过检验的合格产品。它是一种以计算机为基础，将企业全部生产活动的各个环节与各种自动化系统有机地联系起来，借以获得最佳经济效果的生产经营系统。它利用计算机将独立发展起来的计算机辅助设计（CAD）、计算机辅助制造（CAM）、柔性制造系统（FMS）、管理信息系统（MIS）及决策支持系统（DSS）综合为一个有机的整体，从而实现产品订货、设计、制造、管理和销售过程的自动化。它是一种把工程设计、生产制造、市场分析以及其他支持功能合理地组织起来的计算机集成系统。

由此可见，计算机集成制造系统是在新的生产组织原理和概念指导下形成的生产实体，它不仅是现有生产模式的计算机化和自动化，而且是在更高水平上创造的一种新的生产模式。

从机械加工自动化及自动化技术本身的发展看，智能化和综合化是未来的主要特征，也是CIMS最主要的技术特征。智能化体现了自动化深度，即不仅涉及物质流控制的传统体力劳动自动化，还包括信息流控制的脑力劳动自动化；而综合化反映了自动化的广度，它把系统空间扩展到市场、设计、制造、检验、销售及用户服务等全部过程。

CIMS系统构成的原则，是按照在制造工厂形成最终产品所必需的功能划分系统，如设计管理、制造管理等子系统，它们分别处理设计信息与管理信息，各子系统相互协调，并且具有相对的独立性。

因此，从大的结构来讲，CIMS系统可看成由经营决策管理系统、计算机辅助设计与制造系统、柔性制造系统等组成的。

经营决策管理系统完成企业经营管理，如市场分析预测、风险决策、长期发展规划、生产计划与调度、企业内部信息流的协调与控制等；计算机辅助设计系统完成产品及零部件的设计、自动编程、工程分析、输出图纸和材料清单等；计算机辅助制造系统完成工艺过程设计、机器人程序设计等；柔性制造系统完成物料加工制造的全过程，实现信息流和物料流的统一管理。

（2）CIMS的主要技术关键

CIMS是一个复杂的系统，它适用于多品种、中小批量的高效益、高柔性的智能化生产与制造。它是由很多子系统组成的，而这些子系统本身又都是具有相当规模的复杂系统。虽然世界上很多发达国家已投入大量资金和人力研究它，但仍存在不少技术问题有待进一步探索和解决。归纳起来，大致有以下五个方面。

第一，CIMS系统的结构分析与设计。这是系统集成的理论基础及工具，如系统结构组织学和多级递阶决策理论、离散事件动态系统理论、建模技术与仿真、系统可靠性理论与容错控制及面向目标的系统设计方法等。

第二，支持集成制造系统的分布式数据库技术及系统应用支撑软件。分布式数据库技术包括支持CAD/CAPP/CAM集成的数据库系统、支持分布式多级生产管理调度的数据库系统、分布式数据系统与实时在线递阶控制系统的综合与集成。

第三，工业局部网络与系统。CIMS系统中各子系统的互联是通过工业局部网络实现的，因此必然要涉及网络结构优化、网络通信的协议、网络的互联与通信、网络的可靠性与安全性等问题的研究，甚至还可能需要对支持数据、语言、图像信息传输的宽带通信网络进行探讨。

第四，自动化制造技术与设备是实现CIMS的物质技术基础，其中包括自动化制造设备FMS、自动化物料输送系统、移动机器人及装配机器人、自动化仓库及在线检测和质量保障等技术。

第五，软件开发环境。良好的软件开发环境是系统开发和研究的保证。这里涉及面向用户的图形软件系统、适用于CIMS分析设计的仿真软件系统、CAD直接检查软件系统及面向制造控制与规划开发的专家系统。

涉及CIMS的技术关键很多，制定和开发计算机集成制造系统是一项重要而艰巨的任务。而对计算机集成制造系统的投资则更是一项长远的战略决策。一旦取得突破，CIMS技术必将深刻地影响企业的组织结构，使机械制造工业产生一次巨大飞跃。

第二章 设备管理概述

第一节 设备与设备管理

一、设备

(一) 设备的概念

设备是生产力的重要组成部分和基本要素之一，是企业从事生产经营的重要工具和手段，是企业生存与发展的重要物质财富，也是社会生产力发展水平的物质标志。"工欲善其事，必先利其器"，没有现代化的机器设备，就没有现代化的大生产，也就没有现代化的企业。因此，设备在现代化工业企业的生产经营活动中居于极其重要的地位。

对于设备的定义，目前国内外还存在一些差异。在发达国家，设备被定义为"有形固定资产的总称"，它把一切列入固定资产的劳动资料，如土地与不动产、厂房和构筑物、机器及附属设施等均视为设备。在我国，只有具备直接或间接参与改变劳动对象的形态和性质，并在长期使用中基本保持其原有实物形态的物质资料才被看作设备。

设备是固定资产的重要组成部分。2006年2月我国财政部颁布的《企业财务通则》中规定，固定资产是指为生产商品、提供劳务、出租或经营管理而持有的且使用寿命超过一个会计年度的有形资产。固定资产必须同时满足"与该固定资产有关的经济利益很可能流入企业"和"该固定资产的成本能够可靠地计量"才能予以确认。从固定资产的定义来看，企业中绝大多数设备都属于固定资产的范畴。

(二) 机器设备的功能结构

设备的典型代表是机器，它是一种由零部件组成、能运转、能转换能量或能产生有用功的装置。一台完整的机器一般由动力部分、传动部分、执行部分、控制部分和辅助部分组成。

1.动力部分

动力部分是驱动整部机器完成预定功能的动力源，又称原动机。通常一部机器只用一个原动机，复杂的机器也可能有好几个动力源。一般地说，它们都是把其他形式的能量转换为可以利用的机械能，如汽轮机、内燃机、电动机等。

2.传动部分

传动部分是介于动力部分和执行部分之间的中间装置。其任务是把原动机的运动及动力传递给执行部分，并实现运动速度和运动形式的转换。例如把旋转运动变为直线运动，高转速变为低转速，小转矩变为大转矩等。机器常见的传动类型有机械传动（如齿轮传动、蜗轮蜗杆传动、带传动、链式传动等）、流体传动（如液压传动、气压传动、液力传动）、电力传动等。

3.执行部分

执行部分是用来完成机器预定功能的组成部分。一部机器可以只有一个执行部分（例如压路机的压辊），也可以把机器的功能分解成好几个执行部分（例如桥式起重机的卷筒、吊钩部分执行上下吊放重物的功能，小车行走部分执行横向运送重物的功能，大车行走部分执行纵向运送重物的功能）。

4.控制部分

控制部分是控制机器各部分的运动，保证机器的启动、停止和正常协调动作等。

5.辅助部分

辅助部分包括机器的润滑、显示和照明等，也是保证机器正常运行不可缺少的部分。

以汽车为例，发动机（汽油机或柴油机）是汽车的原动机；离合器、变速箱、传动轴和差速器组成传动部分；车轮、悬挂系统及底盘（包括车身）是执行部分；转向盘和转向系统、排挡杆、刹车及其踏板、离合器踏板及油门组成控制系统；油量表、速度表、里程表、润滑油温度表及蓄电瓶电流表、电压表等组成显示系统；转向信号灯及车尾红灯等组成信号系统；前后灯及仪表盘灯组成照明系统；后视镜、车门锁、刮雨器及安全装置等为其他辅助装置。

（三）设备的分类

企业的机器设备种类繁多，大小不一，功能各异。为了设计、制造、使用及管理的方便，必须对设备进行分类。

1.按机器设备的适用范围分类

（1）通用机械

通用机械指企业生产经营中广泛应用的机器设备。例如用于制造、维修机器的各种机床，用于搬运、装卸的起重运输机械，以及用于工业和生活中的泵、风机等均属于通用机械。

（2）专用机械

专用机械指企业或行业为完成某个特定的生产环节、特定的产品而专门设计、制造的机器，它只能在特定部门和生产环节中发挥作用，不具有普遍应用的能力和价值。

2.按设备用途分类

（1）动力机械

动力机械指用作动力来源的机械。例如机器中常用的电动机、内燃机、蒸汽机等。

（2）金属切削机械

金属切削机械指对机械零件的毛坯进行金属切削加工的机器，可分为车床、铣床、拉床、镗床、磨床、齿轮加工机床、刨床和电加工机床等。

（3）金属成型机械

金属成型机械指除金属切削加工机床以外的金属加工机械，如锻压机械和铸造机械等。

（4）起重运输机械

起重运输机械指用于在一定距离内运移货物或人的提升和搬运的机械，如各种起重机、运输机、升降机和卷扬机等。

（5）工程机械

工程机械指在各种建设工程施工中，能够代替笨重体力劳动的机械与机具，如挖掘机、铲运机和路面机等。

（6）轻工机械

轻工机械指轻工业设备，其范围较广，如纺织机械、食品加工机械、印刷机械、制药机械和造纸机械等。

（7）农业机械

农业机械指用于农、林、牧、副、渔业等各种生产中的机械，如拖拉机、排灌机、林业机械、牧业机械和渔业机械等。

3.按使用性质分类

（1）生产用机械设备

生产用机械设备指发生直接生产行为的机器设备，如动力设备、电气设备和其他生产用具等。

（2）非生产用机械设备

非生产用机械设备指企业中福利、教育部门和专设的科研机构等单位所使用的设备。

（3）租出机器设备

租出机器设备指按规定出租给外单位使用的机器设备。

（4）未使用机器设备

未使用机器设备指未投入使用的新设备和存放在仓库准备安装投产或正在改造、尚未验收投产的设备。

（5）不需用设备

不需用设备指已不适合本企业需要、已报上级等待处理的各种设备。

（6）租赁设备

租赁设备指企业租赁的设备。

4.按设备的工艺性质分类

机械制造企业通常将其生产设备按工艺的性质分为两大类，分别是机械设备和动力设备。机械设备分为金属切削机床、锻压设备、起重运输设备、木工铸造设备、专业生产设备和其他机械设备；动力设备分为动能发生设备、电气设备、工业炉窑和其他动力设备。

（四）现代设备的特征

随着科学技术的发展及现代工业生产的要求，新的科学技术成果不断地在设备中得到推广和应用，使设备的现代化水平不断提高。现代设备特征主要体现在以下几个方面。

1.大型化

现代工业生产的大型化、集中化导致了设备的大型化。大型设备可以提高劳动生产率，节约材料和投资，降低生产成本，同时也有利于新技术的推广和应用。目前，设备的容量、质量、功率都明显地向大型化方向发展。

2.机电一体化

现代科学技术的不断发展，极大地推动了不同学科的交叉与渗透，导致了工程领域的技术革命与改造。随着微电子技术、计算机科学技术、信息控制技术向机械工业的渗透，使工业生产由"机械电气化"迈入了"机电一体化"为特征的发展阶段，现代设备呈现出机电一体化的趋势。在现代企业中，数控机床、计算机集成制造系统、加工中心、机器人等高新技术设备的应用就是机电一体化的标志。

机电一体化不是机械技术、微电子技术以及其他新技术的简单组合、拼凑，而是从系统的观点出发，综合运用机械技术、微电子技术、自动控制技术、计算机技术、信息技术、传感测控技术、电力电子技术、接口技术、信息变换技术以及软件编程技术等群体技术，根据系统功能目标和优化组织目标，合理配置与布局各功能单元，在多功能、高质量、高可靠性、低能耗的意义上实现特定功能价值，并使整个系统成为最优化系统的工程技术。由此而产生的功能系统则成为一个机电一体化系统或机电一体化产品。

如数控机床、加工中心等机电一体化设备可以将车、铣、钻、镗、铰等制造过程中的不同工序集中于一台设备上按编订的程序自动顺序进行，适应了现代制造业多品种、小批量的市场需求。在加工精度上，上述设备主轴的回转精度可以达到$0.02 \sim 0.05\,\mu m$，加工零件的圆度误差小于$0.1\,\mu m$。

3.连续化和自动化

工业生产中，设备的连续化、自动化可以提高生产效率，减轻劳动强度，达到高产、高效、低消耗的目的。例如在煤炭生产中，综采设备将采煤、装载、支护、运输、采空区处理等不同工序连成一体，实现了连续、协调一致的综合机械化作业。

4.高速化

高速化是指生产速度、加工速度、化学反应速度、运算速度的提高。一般说来，在工业生产中总是由速度快的设备取代速度慢的设备。

二、设备管理

(一) 设备管理的概念

现代设备是人类在长期生存和发展过程中，认识、改造和利用自然能力不断提高的结果，是现代科学技术进步的必然产物。但是，现代设备的出现又给企业和社会带来诸多新的问题。由于现代设备技术先进、性能高级、结构复杂、设计和制造费用高昂，购置设备需要大量投资。一般来讲，设备投资占固定资产总额的60%～70%。同时，设备在运行使用中，还需要相当的资金进行必要的维护和保养。设备在生产使用中，一旦发生故障停机，所造成的损失，不仅体现在维修所发生的费用，更在于影响生产；一旦发生事故，后果将更加严重。由于设备从研究、设计、制造、安装调试到使用、维修、改造、报废各个环节涉及多行业、多单位、多企业，使设备的社会化程度越来越高。所有这些，都大大增加了设备管理的复杂性和难度。因此，如何管好用好设备，充分发挥其功效，这是现代企业面临的一项重大挑战。①

设备管理是指以设备为研究对象，追求设备综合效率与寿命周期费用的经济性，应用一系列理论、方法，通过一系列技术、经济、组织措施，对设备的物质运动和价值运动进行全过程（从规划、设计、制造、选型、购置、安装、使用、维修、改造、报废直至更新）的科学管理。设备管理的主要目的是用技术上先进、经济上合理的装备，采取有效措施，保证设备高效率、长周期、安全、经济地运行，来保证企业获得最好的经济效益。

(二) 设备管理的作用

第二次世界大战后的日本，其现代工业之所以迅速重建并发展起来，成为世界第二经济强国，与其重视设备管理密不可分。从20世纪50年代开始不久，日本引入美国的预防性维修制和生产维修制，后来又提出"全员参加的生产维修"（TPM）的设备综合管理科学，几乎每隔10年就进行一次重大的设备管理改革，经过多年的努力，终于使设备管理跃入世界先进水平的行列。例如日本丰田公司按照"全员参加的生产维修"要求，认真整顿了设备管理体制，经过三年的工作，结果使产量增加60%，设备费用降低40%。

设备管理的重要性主要体现在以下几个方面。

---

①李正祥.煤矿机电设备管理[M].重庆：重庆大学出版社，2010.

1.设备管理是企业生产经营管理的基础工作

现代企业依靠机器和机器体系进行生产，生产中各个环节和工序要求严格地衔接、配合。生产过程的连续性和均衡性主要靠机器设备的正常运转来保持。设备在长期使用中的技术性能逐渐劣化（比如运转速度降低）就会影响生产定额的完成；一旦出现故障停机，更会造成某些环节中断，甚至引起生产全线停顿。因此，只有加强设备管理，正确地操作使用，精心地维护保养，进行设备的状态监测，科学地修理改造，保持设备处于良好的技术状态，才能保证生产连续、稳定运行。反之，如果忽视设备管理，放松维护、检查、修理、改造，导致设备技术状态严重劣化、带病运转，必然故障频繁，无法按时完成生产计划、如期交货。

2.设备管理是企业产品质量的保证

产品质量是企业的生命、竞争的支柱。产品是通过机器生产出来的，如果生产设备特别是关键设备的技术状态不良，严重失修，必然造成产品质量下降甚至废品成堆。加强企业质量管理，就必须同时加强设备管理。

3.设备管理是提高企业经济效益的重要途径

企业要想获得良好的经济效益，必须适应市场需要，产品物美价廉。不仅产品的高产优质有赖于设备，而且产品原材料、能源的消耗，维修费用的摊销都和设备直接相关。这就是说，设备管理既影响企业的产出（产量、质量），又影响企业的投入（产品成本），因而是影响企业经济效益的重要因素。一些有识的企业家提出"向设备要产量、要质量、要效益"，确是很有见地的，因为加强设备管理是挖掘企业生产潜力、提高经济效益的重要途径。

4.设备管理是搞好安全生产和环境保护的前提

设备技术落后和管理不善，是发生设备事故和人身伤害的重要原因，也是排放有毒、有害的气体、液体、粉尘，污染环境的重要原因。消除事故、净化环境，是人类生存、社会发展的长远利益所在。加速发展经济，必须重视设备管理，为安全生产和环境保护创造良好的前提。

5.设备管理是企业长远发展的重要条件

科学技术进步是推动经济发展的主要动力。企业的科技进步主要表现在产品的开发、生产工艺的革新和生产装备技术水平的提高上。企业要在激烈的市场竞争中求得生存和发展，需要不断采用新技术、开发新产品。一方面要"生产一代，试制一代，预研一代"；另一方面要抓住时机迅速投产，形成批量，占领市场。这些都要求加强设备管理，推动生产装备的技术进步，以先进的试验研究装置和检测设备来保证新产品的开发和生产，实现企业的长远发展目标。

由此可知，设备管理不仅直接影响企业当前的生产经营，而且关系着企业的长远发展和成败兴衰。作为一个置身于改革开放潮流、面向21世纪的企业家，必须摆正现代设备及其管理在企业中的地位，善于通过不断改善人员素质和设备素质，充分发挥设备效能来为企业创造最好的经济效益和社会效益。

第二节 设备管理的任务及基本内容

一、设备管理的主要任务

（一）保持设备完好

要通过正确使用、精心操作、适当检修使设备保持完好状态，随时可以适应企业经营的需要投入正常运行，完成生产任务。设备完好一般包括：设备零部件、附件齐全，运行正常；设备性能良好，加工精度、动力输出符合标准；原材料、燃料、能源、润滑油耗正常等三个方面的内容。行业、企业应制定关于完好设备的具体标准，使操作人员和维修人员有章可循。

（二）改善和提高技术装备素质

技术装备素质是指设备的工艺适用性、质量稳定性、运行可靠性、技术先进性、机械化和自动程度等方面，因此，企业需不断对设备进行更新改造和技术换代，以不断满足企业生产发展的需求。

（三）充分发挥设备效能

设备效能是指设备的生产效率和功能。它不仅包括单位时间内设备生产能力的大小，也包含适应多品种生产的能力。

（四）取得良好的投资效益

设备投资效益是指设备一生的产出与其投入之比。取得良好的设备投资效益，是提高经济效益为中心的方针在设备管理工作中的体现，也是设备管理的出发点和落脚点。

提高设备投资效益的根本途径在于推行设备的综合管理。首先要有正确的投资决策，采用优化的设备购置方案。其次在寿命周期的各个阶段，一方面加强技术管理，保证设备在使用阶段充分发挥效能，创造最佳的产出；另一方面加强经济管理，实现最经济的寿命周期费用。[①]

二、设备管理的基本内容

企业设备管理组织应在以下方面有效地履行自己的职能。

（一）设备的目标管理

作为企业生产经营中的一个重要环节，设备管理工作应根据企业的经营目标来制定本部门的工作目标。企业需要提高生产能力时，设备管理部门就应该通过技术改造、更新、增加设备或强化维修、加班加点等方式满足生产能力提高的需要。对于维修工作来说，其目标就是制定适合企业生产经营目标的设备有效度（或者说设备可利用率）指标，而根据具体的有效度指标又应制定具体的可靠度和维修度指标以保证企业目标的实现。

（二）设备资产的经营管理

设备资产的经营管理包括：对企业所有在册设备进行编号、登记、设卡、建账，做到新增有交接，调用有手续，借出、借（租）入有合同，盈亏有原因，报废有鉴定；对闲置设备通过市场及时进行调剂，一时难以调剂的要封存、保养，减少对资金的占用；做好有关设备资产的各种统计报表；对设备资产要进行定期和不定期的清查核对，保证有账、有卡、有物，账面与实际相符。对设备资产实行有偿使用的企业在搞好资产经营的同时，还要确保设备资产的保值增值。

（三）设备的前期管理

设备的前期管理又称设备规划工程，是指从制定设备规划方案起到设备投产止这一阶段全部活动的管理工作，包括设备的规划决策、外购设备的选型采购和自制设备的设计制造，设备的安装调试和设备使用的初期管理四个环节。其主要内容包括：设备规划方案的调研、制定、论证和决策；设备货

---

①崔婷.机电设备管理的信息化技术应用效果研究[J].中国高新科技，2021（07）:62-63.

源调查及市场情报的搜集、整理与分析；设备投资计划及费用预算的编制与实施程序的确定；自制设备的设计方案的选择和制造；外购设备的选型、订货及合同管理；设备的开箱检查、安装、调试运转、验收与投产使用，设备初期使用的分析、评价和信息反馈等。做好设备的前期管理工作，为进行设备投产后的使用、维修、更新改造等管理工作奠定了基础，创造了条件。

（四）设备的状态管理

设备的状态是指其技术状态，包括性能、精度、运行参数、安全、环保、能耗等所处的状态及其变化情况。设备状态管理的目标就是保证设备的正常运转，包括设备的使用、检查、维护、检修、润滑等方面的管理工作。严格执行日常保养和定期保养制度，确保设备经常保持整齐、清洁、润滑良好、安全经济运行。对所有使用的仪器、仪表和控制装置必须按规定周期进行校验，保证灵敏、准确、可靠。积极推行故障诊断和状态监测技术，按设备状态合理确定检修时间和检验制度。

（五）设备的润滑管理

润滑工作在设备管理中占有重要的地位，是日常维护工作的主要内容。企业应设置专人（大型企业应设置专门机构）对润滑工作进行专责管理。

润滑管理的主要内容是建立各项润滑工作制度，严格执行定人、定质、定量、定点、定期的"五定"制度；编制各种润滑图表及各种润滑材料申请计划，做好换油记录；对主要设备建立润滑卡片，根据油质状态监测换油，逐步实行设备润滑的动态管理；组织好润滑油料保管、废油回收利用工作等。

（六）设备的计划管理

设备的计划管理包括各种维护、修理计划的编制和实施，主要有以下几方面的内容：根据企业生产经营目标和发展规划，编制各种修理计划和更新改造规划并组织实施；制定设备管理工作中的各项流程，明确各级人员在流程实施中的责任；制定有关设备管理的各种定额和指标及相应的统计、考核方法；建立和健全有关设备管理的规章、制度、规程及细则并组织贯彻执行。

（七）设备的备件管理

备件管理工作的主要内容涉及组织好维修用备品、配件的购置、生产、供应。做好备品配件的库存保管，编制备件储备定额，保证备件的经济合理储备。采用新技术、新工艺对旧备件进行修复翻新工作。

（八）设备的财务管理

设备的财务管理主要涉及设备的折旧资金、维修费用、备件资金、更新改造资金等与设备有关的资金的管理。从综合管理的观点来看，设备的财务管理应包括设备一生全过程的管理，即设备寿命周期费用的管理。

（九）设备的信息管理

设备的信息管理是设备现代化管理的重要内容之一。设备信息管理的目标是在最恰当的时机，以可接受的准确度和合理的费用为设备管理机构提供信息，使企业设备管理的决策和控制及时、正确，使设备系统资源（人员、设备、物资、资金、技术方法等）得以充分利用，保证企业生产经营目标的实现。设备信息管理包括各种数据、定额标准、制度条例、文件资料、图纸档案、技术情报等，大致可分为以下几类。

（1）设备投资规划信息

例如设备更新、改造方案的经济分析，设备投资规划的编制，设备更新改造实施计划的管理，设备订货合同的管理，设备库管理等。

（2）资产和备件信息

例如设备清单，设备资产统计报表，设备折旧计算，设备固定资产创净产值率，备件库存率等。

（3）设备技术状态信息

例如设备有效度，故障停机率，设备事故率，设备完好率等。

（4）修理计划信息

例如大修理计划完成率，大修理质量返修率，万元产值维修费用，单位产品维修费用，维修费用强度，外委维修费用比等。

（5）人员管理信息

例如人均设备固定资产价值，维修人员构成比，维修人员比例，各类设备管理人员名册及各类统计报表等。

（十）设备的节能环保管理

近年来，随着国家对能源及环保问题的重视，企业大都设置了专门的节能及环保机构对节能和环保工作进行综合管理。设备管理部门在对生产及动力设备进行"安全、可靠、经济、合理、环保"管理的同时，还应配合其他职能部门共同做好节能和环保工作，其范围包括：贯彻国家制定的能源及环保方针、政策、法令和法规，积极开展节能及环保工作；制定、整顿、完善本企业的能源消耗及环保排放定额、标准；制定各项能源及环保管理办法及管理制度；推广节能及环保技术，及时对本企业高能耗及高排放的设备进行更新和技术改造。

第三节 设备管理的组织形式

企业的组织形式是指企业进行生产经营活动所采取的组织方式或结构形态。设备管理是企业管理的一项重要内容，其工作职能的履行是通过健全而高效的组织机构来保证。设备管理组织的设置是一个十分复杂的问题，不仅要考虑到企业的生产规模、经营方式、生产类型、设备拥有量及技术装备水平、生产工艺性质、企业管理水平及管理者的素质等内部因素，此外，全社会生产的社会化协作及专业化程度也是必须予以考虑的外部因素。

一、设备管理组织机构设置的原则

一般说来，设备管理组织机构的设置应遵循以下原则。

（一）精简的原则

组织机构的设置要力求高效、精干。而要做到这一点，关键是要提高管理人员的业务水平和管理能力。在配备、选择管理人员时要做到人尽其才，使其在分管的工作范围内充分发挥自己的才干，高效率地完成所分管的工作。高效的前提是精干，在设置设备管理组织机构时应注意以下问题。

第一，要因事设职，因职设人，而不能因人设事。机构的设置和人员的配备应基于企业生产经营目标的需要，力求精兵简政，以达到组织机构设置的合理化。

第二，减少管理层次，精简机构和人员，以减少管理费用的支出。

第三，建立有效的信息传递渠道，使上情下达、下情上达、外情内达，搞好机构内外的配合及协调关系。

（二）统一领导、分级管理的原则

统一领导是组织理论的一项重要原则，企业各部门、各环节的组织机构必须是一个有机结合的统一的组织体系。在此体系中，各层次的机构形成一条职责、权限分明的等级链，不得越级指挥和管理。指挥者和执行者各负其责，自上而下地逐级负责，层层负责，保证生产经营任务的顺利完成。

在我国企业内部的设备管理工作，是在厂长（或经理）领导下（一般是由主管设备的副厂长或副经理）统一指挥。企业内部各级设备管理组织，要按设备副厂长（或副经理）统一部署开展各项活动，并协同动作，相互配合，以保证企业设备管理系统能够正常、有序地进行工作。统一领导要与分级管理相结合。各级设备管理组织在规定职权范围内处理有关的管理业务，并承担一定的经济责任，这不仅可以调动各级设备管理组织的积极性，还可以使设备副厂长（或副经理）集中精力研究和解决重大问题。

（三）分工与协作统一的原则

管理机构的设置要有合理的分工，还要注意相互协作、相互配合。要根据管理业务的不同进行适当的分工，划清职责范围，提高管理专业化程度和工作效率。由于各项管理工作之间存在着内在联系，因此各级管理组织之间和内部各职能人员之间在分工的基础上还必须加强协作，相互配合。在分工方面，各层次、各机构、每个人的任务必须加以明确，并作为工作内容固定下来，避免出现一些边缘业务——名为共同负责，实则无人问津的局面。

（四）责权统一的原则

对各级管理人员应贯彻责权统一的原则，其职责应与职权相互对应，负什么样的职责，就应当有什么样的职权，否则便谈不上负责。对上级来说，必须对下级有一个正确的授权问题，即职责不可能大于也不应小于所授予的职权；对下级来说，就不能拥有职责范围外的更多职权。

有职无权和有权无责都是违背责权统一原则的。产生有职无权的主要原因是上级要求下属对工作结果承担责任而又没有给予相应的权力。产生有权无责的原因则是不规定或不明确严格的职责范围，规定的职责含糊不清，没有明确法律上、道义上、经济上应承担的义务。[①]

二、设备管理组织机构的形式及特点

组织机构的管理形式，是指组织机构按部门划分和按层次划分，组成纵横交错关系的组织管理形式。这种管理形式除受上述因素影响外，还与企业

[①]徐建亮，祝惠一.机电设备装配安装与维修[M].北京：北京理工大学出版社，2019.

的所有制形式有关。而且管理形式是随着企业发展和管理科学化、现代化的发展而发生变化的。目前在企业中常见的组织机构管理形式有以下几种。

（一）直线制形式

直线制是最原始，也是最简单的一种组织形式。直线制的特点是组织中的各种职位均按垂直系统直线排列，不存在管理上的职能分工，任何级别的管理人员均不受同一级别的指挥。

直线制结构的优点：结构简单，指挥系统清晰、统一；责权关系明确；横向联系少，内部协调容易；信息沟通迅速，解决问题及时，管理效率高。其缺点：组织结构缺乏弹性，组织内部缺乏横向交流；缺乏专业化分工，不利于管理水平的提高；经营管理事务仅依赖于少数几个人，要求企业领导人必须是经营管理全才，但这是很难做到的，尤其是在企业规模扩大时，管理工作会超过个人能力所能承受的限度，不利于集中精力研究企业管理的重大问题。因此，直线制组织结构的适用范围是有限的，它只适用于那些规模较小或业务活动简单、稳定的企业。

（二）职能制形式

职能制是在企业主管领导下设置专业职能部门和人员，将相应的管理职责和权力交给职能部门，各职能部门在本职范围内都有权直接指挥下级部门。

职能制结构的优点是：提高了企业管理的专业化程度和专业化水平；由于每个职能部门只负责某一方面的工作，可充分发挥专家的作用，对下级的工作提供详细的业务指导；由于吸收了专家参与管理，直线领导的工作负担得到了减轻，从而有更多的时间和精力考虑组织的重大战略问题；有利于提高各职能专家自身的业务水平；有利于各职能管理者的选拔、培训和考核的实施。

职能制结构的不足包括：多头领导，政出多门，不利于集中领导和统一指挥，造成管理混乱，令下属无所适从；直线人员和职能部门责权不清，彼此之间易产生意见分歧，互相争名夺利，争功诿过，难以协调，最终必然导致功过不明，赏罚不公，责、权、利不能很好地统一起来；机构复杂，增加管理费用，加重企业负担；由于过分强调按职能进行专业分工，各职能人员的知识面和经验较狭窄，不利于培养全面型的管理人才；这种组织形式决策慢，不够灵活，难以适应环境的变化。因此职能制结构只适用于计划经济体制下的企业，必须经过改造才能应用于市场经济下的企业。

（三）直线职能制

直线职能制是从上述两种组织形式中发展起来的。这种组织形式将管理机构和人员分为两类：一类是直线指挥机构和人员，他们有对下级机构发布指令的权力，同时对该组织的工作全面承担责任；另一类是职能管理机构和人员，他们是直线领导的参谋，只能给领导充当业务助手，不能对下级组织直接下达指令。

直线职能制的主要特点是：厂长（经理）对业务和职能部门均实行垂直式领导，各级直线管理人员在职权范围内对直接下属有指挥和命令的权利，并对此承担全部责任；职能管理部门是厂长（经理）的参谋和助手，没有直接指挥权，其职能是向上级提供信息和建议，并对业务部门提供指挥和监督，因此，它与业务部门的关系只是一种指导关系，而非领导关系。

直线职能制是一种集权和分权相结合的组织结构形式，它在保留直线制统一指挥优点的基础上，引入管理工作专业化的做法，因此，既保证统一指挥，又发挥职能管理部门的参谋指导作用，弥补领导人员在专业管理知识和能力方面的不足，协助领导人员决策。

直线职能制是一种有助于提高管理效率的组织结构形式，在现代企业中适用范围比较广泛。但是随着企业规模的进一步扩大，职能部门也将会随之增多，于是各部门之间的横向联系和协作将变得更加复杂和困难。加上各业务和职能部门都需向厂长（经理）请示、汇报，使其无法将精力集中于企业管理的重大问题。当设立管理委员会、制定完善的协调制度等改良措施都无法解决这些问题时，企业组织结构就面临着倾向于更多分权的改革问题。

（四）矩阵式组织结构

矩阵式组织结构由两套管理系统组成。当企业为完成某项任务或目标时，可以从直线职能制的纵向职能系统中抽调专业人员组成临时或较长期的工作班子，由这个工作班子进行横向系统联系，协同各有关部门的活动，工作班子有权指挥参与规划的工作人员。工作班子成员接受纵、横系统的双重领导，并以横向系统为主，直到任务完成后便回各自原单位。矩阵式组织结构中根据不同的管理职能，按专业化分工的原则分别设置的纵、横管理系统突出了专业化管理的优势；通过上级机构的授权可以有较多的决策权限；管理的专业化可以提高决策的科学性；专业职能部门参与决策过程可以减轻高层领导的工作负担；下级部门与高层的直接接触可以对其产生激励作用。其不足之处在于过多的信息与交流将加大成本与决策时间；管理人员过多；参与决策层面过多将导致协调与决策的困难。

现代企业组织结构正在从金字塔形向大森林形转变。所谓金字塔形就是从结构上层层向上，逐渐缩小，有严格的等级制度，形成一种纵向体系；大森林形则是减少管理层次，形成同一层次的管理组织之间相互平等，横向联系密切，像大森林一样形成横向体系。

第四节 设备全员生产维修管理

一、全员设备管理

全员设备管理，也叫设备综合管理，是为使设备寿命周期费用达到最经济的程度，而将适用于机器设备的工程技术、设备和财务经营等其他职能综合起来考虑，围绕从设备的选择、购进直到报废的全过程而开展的一系列管理工作的一种新方法。

（一）计划预防修理制度的含义和特点

计划预防修理制度，简称计划预修制，是使设备修理具有计划性和预防性而建立的一套有计划地进行设备维护、检查和修理的技术组织措施。实现这些措施可使修理工作的主要部分按规定的计划进行，从而预防设备的急剧磨损，并减少由于设备故障和修理造成的生产损失。

计划预修制是建立在机器磨损固有规律基础上的。在使用中的机器设备，由于力的作用，其零件会产生摩擦、震动、疲劳、腐蚀等现象，使机器设备产生有形磨损。具体表现为零件原始尺寸、形状的改变；公差配合性质的改变；零件的损坏等。当磨损到一定程度时，设备的效能下降，加工精度和产品质量降低，设备使用费用增加。磨损严重时，设备就不能正常工作，甚至会发生事故。

机器设备的有形磨损，按其使用时间存在三个顺序的阶段：第一是磨合阶段，在这一阶段中，由于摩擦表面光洁度不高，还可能有氧化、脱碳层的存在等原因，摩擦面强烈磨损，磨损较快。第二是渐进磨损阶段，当摩擦表面形成最适宜的光洁度后，在一定的工作条件下磨损以相对稳定的速度发展，磨损值增加缓慢。第三是急剧磨损阶段，当磨损达到一定值后，零件尺寸的形状迅速变化，磨损速度急剧增加，使机器的正常工作受到影响，以至发生损坏。因此，为消除机器设备有形磨损的计划修理工作安排在接近急剧磨损阶段时进行，既能相对节省修理工作的劳动量和费用，又可保持机器设备完好的技术状态和工作效率，减少生产损失。计划预修制通过实现设备维修计划来贯彻落实预防为主的方针。[1]

1. 计划预修制的主要优点

根据设备的具体条件，规定了一整套预防出现临时故障的技术组织措施，因而能及时发现并消除隐患，防止设备的急剧磨损，延长零部件和整机的使用寿命。

根据设备零部件的磨损规律，为设备规定修理周期和修理周期结构，制定各种修理定额，编制设备维修计划，为有计划地对设备进行维修提供依据。

强调修理前的准备工作，有利于按计划组织维修，保证修理质量，缩短设备修理的停歇时间。

2. 计划预修制的缺点

编制设备维修计划的修理周期和修理周期结构容易与设备需要修理的实际情况不相符合。因设备零部件材质、制造方法等不完全相同，使用条件更是千差万别，但却规定统一的修理周期和修理周期结构，往往会不完全符合每台设备的具体情况。

不分设备的价值高低，也不分设备在生产中的重要程度，一律实行计划预防修理制，不利于提高经济效益。

（二）计划预防修理制的内容

计划预防修理制的内容包括：日常维护保养、设备检查和设备的计划修理。

---

①田晓春.安全员上岗必修课[M].北京：机械工业出版社，2020.

1.日常维护保养

设备的日常维护和保养是搞好设备维修工作的基础，是预防设备磨损的重要手段，是计划预修制的重要组成部分。设备维护保养的主要任务是降低计划修理的工作量，消除设备可避免的不正常技术状况（零件的松动、干摩擦、异常响声等），防止设备过早磨损，消除设备隐患，减少或消灭事故。

2.设备检查

设备的检查，是对设备运转的可靠性、精度的保持性、零件耐磨性的检查。通过检查，可以了解设备零件的磨损情况和设备技术状况的变化；可以及时发现并消除隐患，防止零件急剧磨损和突然事故；根据检查结果提出修理和改进的措施，做好修理前的准备工作，以提高修理的准确性和缩短修理时间。

3.设备的计划修理

设备计划修理的主要任务是恢复或更换由于正常原因磨损、腐蚀的零部件，恢复设备原有的效能。计划修理按其工作量的大小，以及设备原有效能恢复的程度，分为小修、中修和大修三种。

（三）计划预防修理制的种类

1.检查后修理法

这种方法事先只规定设备的检查计划。根据检查的结果和以前的修理资料，再确定修理的日期和修理内容。这种方法简单易行，修理费用低，但不便于做好修理前的准备工作，可能导致修理时间拖长。它适用于缺乏检修定额资料，零件磨损规律还没有充分掌握的设备采用。

2.标准修理法

这种方法是对设备的修理日期、类别和内容都预先制订计划，并严格按计划执行，而不管设备的技术状况如何。这种方法的优点是，便于充分做好修理前的准备工作，能够保证设备正常运转。但它要求比较准确地掌握零件的使用寿命，否则会提高维修费用，出现"过度维修"的情况。这种方法适用于那些必须保证安全运转和特别重要或复杂的设备，如重要的动力设备、自动线上的设备等。

3.定期修理法

这种方法是根据设备实际使用情况，参考有关设备检查周期资料，制订修理计划，大致确定修理日期、类别和内容。确切的修理日期、类别和内容，则是根据定期检查后的结果再详细规定。这种方法的优点：有利于做好修理前的准备工作，缩短检修时间。目前我国工作基础比较好的企业多采用这种维修方法。

（四）定期修理制度的定额

定期修理制度规定了完成各种修理的固定顺序、计划修理间隔期和正常修理工作量的定额。它们是编制设备修理计划，组织修理业务活动的依据。

设备的修理定额有：修理周期定额、修理停歇时间定额、修理费用定额等。

1.修理周期定额

包括修理周期、修理（检查）间隔期和修理周期结构。

修理周期：对已使用的设备来说，是指相邻两次大修之间的时间间隔，对新设备来说，是指开始使用到第一次大修的时间间隔。修理周期是根据设备的主要零件，如机床的导轨、工作台以及其他基础零件的使用期限来确定的。

修理间隔期：指设备相邻两次修理（不论大修、中修或小修）之间的时间间隔。

修理周期结构：指一个修理周期内大、中、小修和定期检查的次数与排列顺序。它是根据机器设备的结构特性、工作条件、零件允许的磨损量和设备无须修理开动的台时数来确定。例如金属切削机床的修理周期结构可用下式表示：

K—O—M—O—M—O—C—O—M—O—O—C—O—M—O—M—O—K

式中O代表定期检查，修理周期可按下式计算：M代表小修，C代表中修，K代表大修。

修理周期可按下式计算：

$T = \alpha \cdot \beta特 \cdot \beta维 \cdot \beta材 \cdot \beta使 \cdot \beta重 \cdot \beta质 \cdot \beta工 \cdot \beta导 + t$

式中α——修理周期定额开动台时数；t——修理周期中修理停歇时间总和。

$\beta特$、$\beta维$、$\beta材$、$\beta使$、$\beta重$、$\beta质$、$\beta工$、$\beta导$——分别为生产特性系数、维护系数、加工材料系数、使用条件系数、重型设备系数、制造质量系数、组合机工作型式系数、导轨材料系数。

修理间隔期计算公式如下：

$$t修 = \frac{T}{C_n + M_n + 1}$$

式中 T——大修周期；C_n——修理周期中中修的次数；M_n——修理周期中小修的次数。

检查间隔期的计算公式如下：

$$t检 = \frac{T}{C_n + M_n + O_n + 1}$$

式中 O_n 修理周期中定期检查的次数。

2. 设备修理停歇时间定额

设备修理停歇时间定额是指从设备停机修理起，至修理完毕检查验收并重新投入生产为止的最高时间限额。其计算公式如下：

设备修理停歇时间(工作日) =

$$\frac{该设备修理工作的劳动量（工时）}{班内同时修理工人数 \times 每班工作小时数 \times 每天工作班数 \times 工时定额完成系数}$$
+其他停机时间

其他停机时间包括现场清理、修后检查验收、调试等所需要的时间。

为了充分利用设备，应采取措施尽量缩短修理的停歇时间。如加强设备修理的计划性，充分做好修理前的准备工作，采取先进的修理工艺和方法，合理地组织劳动等。

3. 修理费用定额

修理费用定额是为设备修理所规定的费用标准，是考核修理工作的经济指标。它包括维修工人的工资、材料、配件费和车间经费。大修理的费用定额，除上述各项费用外，还包括企业管理费。

修理费用定额一般是按设备类别和修理种类，以修理复杂系数为单位规定。

（五）设备修理的计划工作

正确地编制设备修理计划，可以统筹安排设备的修理和修理需要的人力、物力和财力，有利于做好修理前的准备工作，缩短修理停歇时间，节约修理费用，并可与生产密切配合，既保证生产的顺利进行，又保证检修任务的按时完成，设备修理计划是贯彻执行设备计划预修制的重要保证。

设备修理计划的内容：编制计划期修理进度计划图表，标明设备名称、资产编号、修理种类、计划修理日期、修理停歇时间等；编制修理工作计划，包括计划修理设备所需的劳动量、材料、配件等的数量，以及修理费用预算等。

1.编制修理计划应遵循的原则

第一，安排修理计划时，要先重点，后一般，保关键，并把一般设备中历年失修的设备安排好。

第二，安排修理进度时，要做好修理所需工作量和维修部门的检修能力的平衡工作。

第三，安排修理进度时，要与生产计划密切配合、互相衔接。例如上下紧密联系的系列设备要同时检修，以减少半成品的贮存积压。同时有几台设备生产一种产品时，要错开时间检修，以保证运输、动力供应、产品生产的平衡。

第四，在设备修理周期定额的基础上，对设备状况记录资料和检查结果充分研究分析后，确定设备的修理日期和内容。

第五，要运用系统工程、网络计划技术等先进管理方法，缩短修理停歇时间，降低修理费用，充分发挥设备的效能。

2.设备修理计划的编制工作

（1）年度计划

年度计划是企业生产技术财务计划的组成部分，是企业设备维修工作的大纲，安排全年、各季和各月检修任务和计划进度。

年度修理计划，通常是在前一年的第三季度，在主管设备的厂长领导下，由设备动力部门负责编制。具体步骤如下：①发动和组织群众开展设备大检查，摸清设备状况，总结检修工作经验，研究改进措施；②汇集整理设备档案中的有关记录（上年度最后一次修理时间，运转中发生的事故、故障、缺陷等）和群众提出改善设备修理的建议；③按照修理周期定额、设备检查和设备档案记录结果，编制修理进度计划初步意见，提交主管设备厂长，由他组织生产车间和有关科室讨论平衡，提出修改意见，然后再调整落实；④计划检修工作量的计算，所需劳动力的计算和平衡，并明确提出实施计划必须注意解决的问题及措施；⑤最后编写出正式计划、修理前的准备计划、有关材料备件计划、设备改造计划、费用预算等。企业领导签字盖章后，上报主管领导部门审批执行。

（2）季计划

季计划是年计划的具体化，是年度计划的进一步落实，也是检查和考核检修任务完成情况的依据。

在编制分季修理计划时，既要遵循设备修理的各项定额，又要充分注意生产的具体条件和设备的实际磨损情况。只有把两者结合起来考虑，才能使季计划具有预见性和现实性。

（3）月计划

月计划是企业设备修理计划的执行计划。月计划要结合季度修理计划和上月修理计划的实际完成情况、设备磨损情况、设备实际开动台时等进行编制。

编制月计划时，应把注意力集中到计划的落实、修前准备和组织实现。

（六）企业修理工作的组织

1.企业修理工作的组织形式

工业企业中，设备的修理工作是由机修车间和车间的修理部门来完成的。由于各车间的修理部门和机修车间完成修理工作量的比重不同，企业修理工作的组织形式通常分为以下三种：分散的、集中的和混合的。

分散的组织形式，指企业主要的修理工作量是由各生产车间的修理部门来完成的。机修车间只负责精密、大型、稀有设备的大修，负责制造配件和完成生产车间检修部门不能承担的个别工序。

集中的组织形式是把企业供修理用的主要设备、工具和修理人员集中到机修车间、企业所有的修理工作，或至少是所有的计划修理工作，都由机修车间集中来完成。

混合的组织形式是指由机修车间和生产车间的检修部门分别完成大体相等的各项修理工作。机修车间主要完成保证提高修理专业化水平的修理工作。

这种组织形式能够将分散和集中的组织形式的优点结合起来，即一方面可以加强生产车间对设备检修工作的责任感，及时解决设备存在的问题；另一方面，有利于提高修理工作的专业化水平，提高检修人员的劳动生产率和大修理的质量。这种组织形式是最先进的组织形式，已成为大、中型企业所采用的最主要形式。

2.设备快速修理法

企业中有些设备负荷率很高，如将其停下来进行修理，特别是大修理，常常会破坏生产的正常进程。属于这类的设备有：不能用其他设备代替的稀有设备、专用设备、负荷饱和的关键设备、流水线中的设备等。为缩短这些设备的停修时间，应采用一些快速修理法。应用较广泛的快速修理法如下。

第一，部件修理法。它是将需要修理的整个部件拆下来，用新的或预先修理好的相同部件装上去，把换下来的部件送往机修部门进行修复，作为下次修理用部件。

第二，分步修理法。设备大修时，将机器完全解体，并一次性对所有机构进行修理或更换，保证恢复机器全部机构的技术状态，这是大修时普遍采用的方法。如果在设备大修时，不是一次完成全部的修理工作量，而是把设备分成几个独立的修理部分，按先后顺序，在不同时间分别修复机器中的个别部件和个别机构，这种大修理的方法叫分步修理法。这种方法适用于在结构上具有较大的独立部件的设备，如变速箱、发动机等，以及修理时间比较长的设备。

第三，同步修理法。这种方法包括两方面的意思，一方面是在设备设计时，将设备中的不同零件设计为具有大致相同的使用寿命，使用中等速度磨损，修理时同时更换；另一方面是将工艺上紧密联系的若干台设备，安排在同一段时间进行修理，实现修理同步化，以减少分散修理时停机时间的增加。这种方法适用于流水生产线设备，联动设备中的主机与辅机及各种配套设备。

二、全员设备维修过程

（一）全员生产维修的含义和特点

所谓全员生产维修，就是以提高设备的全效率为目标，建立以设备一生为对象的生产维修系统，实行全员参加管理的一种设备管理与维修制度。

全员生产维修制的特点如下。

1.设备的全效率

设备的全效率指在设备的一生中，为设备耗费了多少，从设备那里得到了多少，其所得与所费之比，就是全效率。

设备的全效率，就是以尽可能少的寿命周期费用，来获得产量高、质量好、成本低、按期交货，无公害安全生产好，操作者情绪饱满的生产成果。

2.设备的全系统

设备的全系统有两层意思：一是对设备实行全过程管理。传统的设备管理一般都集中在设备使用过程中的维修工作上，注重设备后天的维修。而全系统要求对设备的先天阶段（制成之前）和后天阶段（制成之后）进行系统管理。如果设备先天不足，即研究、设计制造上有缺陷，单靠后天的维修便会无济于事。因此，应该把设备的整个寿命周期，包括规划、设计、制造、安装、调试、使用、维修、改造，直到报废、更新等的全过程作为管理对象。如对设备的故障，要从整个系统来研究；消除故障的对策，也要从整个系统来采取。二是对设备采用的维修方法和措施要系统化。在设备的研究设计阶段，要认真考虑维修预防，提高设备的可靠性和维修性，尽量减少维修费用；在设备使用阶段，以设备分类为依据，以点检为基础的预防维修和生产维修；对那些重复性发生故障的部位，针对故障发生的原因采取改善维修，以防止同类故障的再次发生。这样，就形成了以设备一生作为管理对象的完整的维修体系。

3.全员参加

全员参加指发动企业所有与设备有关的人员都来参加设备管理。它包括两个方面：一是纵的方面，从企业最高领导到生产操作人员，全都参加设备管理工作，其组织形式是生产维修小组；二是横的方面，把凡是与设备规划、设计、制造、使用、维修等有关部门都组织到设备管理中来，分别承担相应的职责，具有相应的权利。

（二）生产维修的内容

1.设备分类和重点设备的确定

全员生产维修是以设备的全效率为最高目标。从这一目标出发，不难看出，对价格便宜、利用率不高、出了故障不影响生产、容易修理的那些非关键设备实行事后修理，与采用预防维修制度相比会更经济；而对那些价值昂贵、出了故障对生产和安全造成重大损失的关键设备应采取预防维修。生产维修采用重点主义的办法，将企业全部设备按一定标准分为A、B、C三类。A类为重点设备，是重点管理和维修的对象，应严格执行预防维修。B类为重要设备，也应实施预防维修。C类为一般设备，可以实行事后维修。

设备分类的标准没有统一的规定，各企业可按实际经验和需要制定。一般是按其对产量、质量、维修、成本、环境保护和安全、交货日期等影响程度来分类。

2.生产维护的内容

包括日常维护、预防性检查。预防性检查又分为日常点检、定期检查和精密检查。

（1）日常维护

日常检查的目的是保持设备规定的技术状态，具体内容是清扫、润滑和调整。

（2）预防性检查

预防性检查是计划预防修理的基础，又是全员生产维修一项非常重要的内容。

预防性检查又包括日常点检、定期检查及精密检查三种：①日常点检。点检主要是指以人的五官感受对设备进行测定。检查是指除了用人的五官之外，还要用仪表来进行测定。实际上，点检往往也使用仪表，所以在一般情况下点检和检查两词通用。日常点检，一般是由使用部门的操作人员执行，为了便于操作人员进行日常点检，要为每台设备选择检查项目，编制点检标准书和日常点检表。日常点检和填写点检表的工作贵在坚持。②定期检查。定期检查的目的：判定设备机能的劣化状况，使故障能早期发现，避免突发故障给生产带来损失；对检查中发现的问题及时进行调整和修理，保证设备达到规定的机能，为制定设备维修计划提供依据。定期检查与日常点检一样，也要选定检查项目，制定检查标准书和定期检查表。正确地确定检查周期是定期检查的一个重要问题。因为周期长短与费用的关系很大。一般来说，定期检查周期在一个月以上。但现成的检查周期表是没有的，企业要根据自己工厂的条件拟定。③精密检查或专门检查。指对一些项目不定期进行的专门检查。精密检查时应做仔细测定和认真分析。

（3）计划修理

计划修理分预防性修理和改善性修理两种。

预防性修理属于恢复性修理。它是根据日常点检，定期检查结果所提出的设备修理委托书、维修报告书、性能检查记录等资料编制修理计划。

改善性修理是对经常发生重复性故障的设备或设计上存在缺陷的设备，需要在可靠性、维修性、操作性等进一步改进时的一种修理。

编制设备维修计划多采用长、短期计划结合，以短期为主的计划方针。长期计划有一年的和半年的，短期计划是月度的。

（4）故障修理

故障修理是设备维修中的重要环节，它直接影响停机时间和生产能否正常进行。设备使用部门遇有下列情况，应填写修理委托书或维修报告书，向设备维修部门提出修理要求：①发生了突然事故；②日常点检发现了必须由维修人员排除的缺陷和故障；③定期检查发现的必须立即修理的故障；④由于设备状况不好，造成废品时。

维修部门接到故障修理通知后，必须立即组织力量进行抢修。

（三）设备维修记录及其整理分析

设备维修记录是推行全员生产维修的基础。它所涉及的范围很广，包括从设计、制造、使用、维修一直到设备报废更新所有的数据和资料。设备维修记录一般分为输出数据资料和输入数据资料两大类，其中输入数据资料即原始数据资料，输出数据资料包括分析数据和成果数据。

原始记录是第一手资料，是进行统计分析的依据。因此，需要建立哪些原始记录以及记录什么项目，应与输出数据资料的要求相适应，而输出数据资料又要服从设备管理的一定目的。所有这些问题都应审慎地全面考虑，切忌照搬照抄。一般地说，原始记录应设计成能反映出供分析的重大问题。记录的项目要切合实际，力求完整、具体、明确，并使有关人员能正确填写它的内容。

对原始记录的发出、填写、检查、保管、传递等工作，要有专人负责，并形成制度。推行全员生产维修的初期要求有关人员填写原始记录可能会遇到阻力，要做耐心的工作。

设备的原始记录提供了大量的有价值的数据资料，接着应对其整理和分析，以便达到设备管理的一定目的。分析可从各种不同角度进行，其中设备故障分析（故障率、平均故障间隔时间、故障严重率、故障次数率、故障原因等）是重要分析。在进行设备故障分析时，应按设备、故障的性质及其发生部位等进行分类，以便在制定消除或减少故障措施时能抓住主要问题。设备故障分析时对那些多次重复发生的故障、造成重要设备长时间停工的故障以及维修费用大的故障应给予更多的注意。

（四）生产维修小组

生产维修小组简称PM小组，是工人、管理人员、技术人员为减少设备故障、提高设备利用率自动组织起来主动活动的集体。

所谓PM小组的主要活动，就是不受上级命令、指示，自主地为设备一生的各个阶段（计划、设计、制造、安装、使用、维修、更新）分担责任，为设备生产率达到最高水平开展活动。主要活动的另一层意思是，要求PM小组的每一个成员都开动脑筋思考问题，互相启发开拓思路，做到人尽其才；要求车间内的各类人员搞好协作，车间与车间也做到人与人彼此尊重，使企业形成一种生气勃勃的局面。

PM小组主要是结合本部门、本单位的切身问题开展活动。因此，原则上是由车间、同班组志同道合的人员组成，组长可由行政组长担任，也可选举产生。PM小组成员不宜过多，一般为3～10人。

选题是PM小组活动能否开展起来的关键问题。如果在PM小组开展活动的初期选题过大过难，会使小组成员失掉完成任务的自信心，挫伤他们参加活动的积极性。一般在活动开展初期选择的课题是：全体成员都认为是要解决的问题；全体成员都能解决的问题；全体成员都感兴趣的课题等。最初不一定就直截了当地选设备维修的大问题，应当使大家都能心情舒畅，畅所欲言，形成一种生气勃勃的气氛。

另外，碰头会是PM小组的重要组成部分。碰头会一般一周一次，行政领导对碰头会要给予指导。碰头会要求小组全体人员参加，发动全体人员开动脑筋，互相启发，运用工业工程（IE）、质量管理（QC）、价值工程（VE）等科学管理方法研究问题。必要时可向其他PM小组学习或请求上级支援。

（五）全员生产维修的开展程序

1.制订TPM小组的基本方针和目标

开展TPM工作，首先要由企业的上层领导决定TPM的基本方针和目标。基本方针和目标的确定取决于企业生产经营上的需要，即产量、质量、成本、安全、环境何者为重点。据此再决定设备上的相应问题。

2.建立TPM的组织机构

建立TPM的各级委员会（小组），任命或选举相应机构的负责人。

3.明确TPM组织和职责分工

设备的计划、使用、维修部门要分别承担TPM的一定责任，同时也赋予一定的权利。

4.建立TPM总体制

建立以设备一生为对象的"无维修设计"的体制，即进行MP（维修预防）-PM（生产维修）-CM（改善维修）系统管理。具体内容包括：MP为可靠性、维修性检验单、入厂检查验收单、初发表成果、接收他人的批评期生产管理表等；PM——预防维修、润滑，修理施工、维修技术、费用预算的管理等；CM——故障原因分析表、改进建议书、改善维修计划书等。

5.制订TPM的各种标准

开展TPM工作要遵循各种标准。

6.维修人员的多能和专门教育

目的是提高操作人员和维修人员的技术水平。其对象包括操作保养工、应急修理工、设备检查员、修理工、维修技术人员、工程设计人员等。

7.维修工作的评价

维修工作可从组织和维修指标两个方面来进行评价。

8.5S活动

5S活动：①整理（Seiri）——把紊乱的东西按秩序排列好，把不用的东西清除掉；②整顿（Seiton）——整顿生产操作秩序，把生产必需的图纸、工具等准备齐全；③清洁（Seikeetsu）——保持清洁，无污垢；④清扫（Seiso）——把工作环境清扫得干干净净；⑤素养/教养（Shitsuke）——讲文明、懂礼貌、有良好的生活习惯，遵守各种规章制度。5S活动的核心是要养成文明生产和科学生产的良好风气和习惯，它不仅是搞好TPM的重要保证，也是搞好企业管理的一项十分重要的基础工作。

三、设备投资经济评价

当今世界正处于技术进步飞速发展的时代，设备的陈旧化速度加快了，市场中产品的竞争非常激烈。在这种环境中，企业要求生存图发展，就要不断提升自己的技术素质，使企业的生产建立在先进的技术基础上，为此必须进行设备投资，购买先进的技术装备。然而，在一般情况下，企业可以利用的资金是有限制的。这就要求在进行设备投资时，要做投资经济的计算和评价，以便在有限的资金限额内选择最有利的设备。

设备投资经济评价的结果是投资决策的重要依据。但是，也必须指出，到目前为止经济评价还只能对影响设备投资选择的众多因素中能以价值形态表示的因素作出定量的评价，诸如设备的先进性、陈旧化的危险性、安全性、对环境的影响等因素尚不能作出定量的评价。因此，设备投资的最终决定应既考虑定量计算的经济评价，又考虑非定量因素的综合评价。

设备投资经济评价的方法有：回收期法、年值法、现值法和报酬率法。在此，编者仅论述回收期法和年值法。

（一）投资回收期法

该法是用年利润和折旧额去除投资额，得出的投资回收期最短取舍方案的标准。

如果在比较的方案中有一个方案需要的投资多，而其产品的年成本低；另一方案需要较少的投资，而其产品年成本较高。这时可用追加投资（$P_2 - P_1$）除以成本的节约额（$C_2 - C_1$）所得的追加投资回收期来评价方案。

$$追加投资回收期 = \frac{P_2 - P_1}{C_2 - C_1}$$

式中 P_1、P_2——两个比较方案的投资，$P_2 > P_1$；

C_1、C_2——两个比较方案的年度产品成本，$C_2 > C_1$。

用回收期作标准评价方案时，计算的回收期应与规定的回收期标准相比较以决定方案的取舍。

回收期法的主要优点是突出了资金的回收和投资的风险性，计算简单。其缺点是未考虑投资回收后的收益，看不出设备寿命长短对经济效果的影响，也没有考虑资金的时间价值。

（二）年值法

年值法是将设备寿命期中的净收入或支出转换成等年值，并以此为标准评价和选择方案的方法。若方案仅知支出时，等年值为等值年成本，此时等值年成本最低的方案是最优方案；若知净收入时，等年值为净产值，此时净年值为正且最大者为最优方案。

年值A_w的计算公式如下：

$$A_w = -P\frac{i(1+i)^n}{(1+i)^n-1} + L\frac{i}{(1+i)^n-1} \pm R$$

式中，P为设备购置投资，L为设备报废时的残值，R为等年值（支出为负，收入为正），i为最低要求的报酬率，n为设备的寿命期。

四、设备管理目标评价

（一）维修计划性方面的指标

$$\text{计划作业率（\%）} = \frac{\text{计划维修作业项数}}{\text{全部维修作业项数}} \times 100\%$$

$$\text{计划作业完成率（\%）} = \frac{\text{完成计划作业项数}}{\text{预定计划作业项数}} \times 100\%$$

$$\text{实际作业率（\%）} = \frac{\text{实际作业时间}}{\text{实际能力时间}} \times 100\%$$

（二）作业内容方面的指标

$$PM\text{维修项数率（\%）} = \frac{PM\text{维修项数}}{\text{全部维修项数}} \times 100\%$$

$$PM\text{维修工时率（\%）} = \frac{PM\text{维修作业时间}}{\text{全部维修作业时间}} \times 100\%$$

$$\text{突发故障作业率（\%）} = \frac{\text{突发故障作业时间}}{\text{全部维修作业时间}} \times 100\%$$

（三）故障方面的指标

$$\text{故障频次}\left(\frac{\text{次}}{\text{单位时间}}\right) = \frac{\text{故障次数}}{\text{生产运转时间}}$$

$$\text{故障停机率（\%）} = \frac{\text{故障停机时间}}{\text{生产运转时间}} \times 100\%$$

$$停机损失率（\%）=\frac{设备停机造成的损失}{生产总费用} \times 100\%$$

（四）费用方面的指标

$$维修费用率（\%）=\frac{全部维修费用}{生产总费用} \times 100\%$$

$$单位产品维修费用\left(\frac{元}{单位产量}\right)=\frac{全部维修费用}{产品生产总量}$$

第三章 机械设备控制技术

第一节 机械设备智能控制技术

所谓智能控制技术，是指机电一体化系统能够在无人干预的情况下自动实现控制目标的控制技术。许多复杂的系统难以建立有效的数学模型，因此难以用基于模型的常规控制理论去分析和设计控制器。为此人们提出使用类似于人的智慧和经验的知识来引导求解过程，即一个基于知识的启发式解决问题的过程，这个过程能够使系统不断感知环境、获得信息以减小不确定性，进而增强计划、产生以及执行控制行为的能力。

智能控制与传统的控制有密切的关系，又存在着本质的区别。与传统自动控制系统相比，智能控制系统具有运用人的控制策略、被控对象及环境的有关知识的能力，能以知识表示过程的非数学广义模型，能够采用开闭环控制和定性及定量控制结合的多模态控制方式，具有变结构特点，能够总体自寻优，具有自适应、自组织、自学习和自协调能力，有补偿及自修复能力和判断决策能力。总之，智能控制系统通过智能机自动地完成其目标的控制过程，可以在熟悉或不熟悉的环境中自动地完成控制任务。

智能控制的主要技术方法有模糊逻辑、神经网络、专家系统、遗传算法等理论和自适应控制、自组织控制、自学习控制等技术。下面对几种主要的智能控制系统做简要的介绍。

一、专家系统和专家控制系统

专家系统指模拟人类专家解决某一领域问题的计算机程序系统。专家系统一般由知识库、推理机、综合数据库、解释接口和知识获取五部分组成。将专家系统的理论和技术同控制理论和技术相结合，在未知环境下，仿效专家的经验，实现对被控对象的控制就形成了专家控制系统。

（一）专家控制系统的结构

专家控制系统由知识库、算法库和人机接口等部分组成。知识库由与被控对象有关的事实集、经验数据、经验公式和规则等构成；算法库中存放控制算法，如 PID、Fuzzy、神经控制、预测控制等算法；实时推理机从知识库中选择有关知识，根据实时数据对控制算法进行推理，得出相应的控制决策。动态数据库用来存放系统实时采集与处理的数据。在设计专家控制系统时应根据生产所遇到的被控系统复杂程度建造相应的知识模型、推理策略及控制算法集。

（二）专家控制系统的类型

根据专家控制在控制系统中的作用和功能，专家控制器可以分为直接型专家控制器和间接型专家控制器两种类型。

直接型专家控制器指基于知识的控制器直接影响被控对象的专家控制。间接型专家控制器指基于知识的控制器仅仅间接影响控制系统。

二、自学习智能控制系统

（一）自学习与自学习控制系统的概述

自学习就是不具有外来校正的学习，或不具有惩罚和奖励的学习。一个开放性系统，如果能够通过对环境与系统自身的学习获得经验，并在运用此经验于系统的控制之后，能够基于人机交互的性能评价器，使系统的某个预先要求的性能指标得到改善，则称此系统为学习控制系统。如果性能评价器在无人参与的情况下完全自动实现，则称此系统为自学习控制系统。

（二）自学习控制系统分类

1.基于模式识别的学习控制

基于模式识别的学习控制包括三种方法，第一种是基于模式识别方法的双重控制的学习控制理论；第二种是把线性再励技术用于学习控制系统；第三种是基于 Bayes 学习估计的方法。

2.异步自学习控制

异步自学习控制系统使用迭代与重复控制的方法进行学习，其基本过程是第 $k+1$ 次学习时的输入将基于第 k 次学习时的经验和输入获得，并且随着其中有效经验的不断积累而使实际输出经过学习逐渐逼近其期望输出。

3.连接主义学习控制方法

连接主义学习控制就是基于目前的神经网络进行自学习的控制，其基本思想是：利用具有学习能力的多层前馈神经网络对学习动态特性进行建模，使其或者作为学习控制器，或者作为性能评价估计器，通过与基于模式识别学习控制和异步自学习控制的结合，从而能够在有人或无人监督的情况下，使系统的性能随着学习次数的增加而不断改善。

三、模糊控制系统

（一）模糊控制系统概述

模糊控制是以模糊集合论、模糊语言变量和模糊逻辑推理为基础的一种计算机控制技术。模糊控制的价值可从两方面来考虑：一方面，模糊控制提供一种实现基于规则的控制规律的新机理；另一方面，模糊控制为非线性控制器提出一个比较容易的设计方法，尤其是当受控对象含有不确定性而且很难用常规非线性控制理论处理时，更是有效。

模糊理论是建立在模糊集合基础之上的，是描述和处理人类语言中所特有模糊信息的理论。它的主要概念包括模糊集合、隶属函数、模糊运算、模糊关系和模糊推理等。边界不清的同一类模糊事物的集合，称为模糊集合；集合中元素的取值范围称为论域；隶属函数是表示模糊集合中元素属于该模糊集合的程度。

（二）模糊控制系统结构

模糊控制系统通常由模糊控制器、输入/输出接口、广义被控对象和测量装置四部分组成。

（三）模糊控制器的工作过程

首先，确定模糊控制器的输入量，即给定值与被控制量之间的偏差，这是一个精确量，为了适合模糊控制，必须经过模糊化处理转化为模糊量，用相应的模糊子集表示。接着，根据输入的模糊量及模糊控制规则进行模糊决策，得到模糊控制量；由于实际被控对象的控制量是精确量，因此需要将模糊控制量进行反模糊化处理变成精确量；再经过输出量化处理得到实际输出值，最后经过D/A转换变为精确的模拟量送到执行机构对被控对象进行控制。这样周而复始地循环下去，就实现了被控过程的模糊控制。

（四）模糊控制器的实现

模糊控制器的控制规律是由计算机的程序实现的，具体步骤如下：第一步，根据本次采样值得到模糊控制器的输入量，并进行输入量化处理；第二步，量化后的变量进行模糊化处理，得到模糊量；第三步，根据输入的模糊量及模糊控制规则，按模糊推理规则计算输出的模糊量；第四步，对得到的模糊输出量进行反模糊化处理，得到精确的控制量。

四、基于神经网络的智能控制系统

（一）神经网络控制系统概述

神经网络具有很多适于控制的特性：神经网络可以处理难以用模型描述的系统；神经网络是分布式信息处理器，具有很强的容错性；神经网络是本质非线性系统，可实现任意非线性映射；神经网络具有很强的信息综合能力，能处理不同类型的输入，能很好解决信息之间的互补性和冗余性。因此，基于神经网络的控制系统，能够对不确定系统及扰动进行有效的控制，使控制系统达到所要求的动态、静态特性。

（二）神经网络控制系统的结构类型

神经网络在控制系统中可以充当对象的模型、控制器、优化计算环节等。因此神经网络控制器的结构形式较多，对于不同结构的神经网络控制系统，神经网络在系统中的位置和功能各不相同。以下是几种实际的神经网络控制系统。

1.神经网络监督控制

神经网络控制器建立被控对象的逆模型，基于传统控制器的输出，在线学习调整网络的权值，使反馈控制输入趋近于零，从而使神经网络控制器逐渐在控制作用中占据主导地位，并最终取消反馈控制器的作用。

2.神经网络直接逆控制

用评价函数 $E(t)$ 作为性能指标，调整神经网络控制器的权值。当性能指标为零时，神经网络控制器即为对象的逆模型。

3.神经网络自适应控制

根据系统正向或逆模型的输出结果来调节神经或传统控制器的内部参数，使系统满足给定的指标。

（三）神经网络控制的学习机制

神经网络控制器的学习就是寻找一种有效的途径进行网络连接权阵或网络结构的修改，从而使得网络控制器输出的控制信号能够保证系统输出跟随系统的期望输出。它分为监督式学习（有导师指导下的控制网络学习）和增强式学习（通过某一评价函数指定的学习）。

五、机器视觉智能系统

（一）机器视觉智能系统概述

机器视觉就是用机器代替人眼来做测量和判断。机器视觉系统是指通过机器视觉产品（即图像获取装置，分 CMOS 和 CCD 两种）将被获取目标转换成图像信号，传送给专用的图像处理系统，根据像素分布和亮度、颜色等信息，转变成数字化信号。图像系统对这些信号进行各种运算来抽取目标的特征。进而根据判别的结果来控制现场的设备动作。机器视觉系统的目的就是给机器或自动生产线添加一套视觉系统，其原理是由计算机或图像处理器以及相关设备来模拟人的视觉行为，完成得到人的视觉系统所得到的信息。人的视觉系统是由眼球、神经系统及大脑的视觉中枢构成，计算机视觉系统则是由图像采集系统、图像处理系统及信息综合分析处理系统构成。[①]

（二）机器视觉系统的特点

一个典型的工业机器视觉系统由照明光源、镜头、工业摄像机、图像采集/处理卡、图像处理系统和其他外部设备等组成。

第一，非接触测量，对于观测者与被观测者都不会产生损伤，从而提高系统的可靠性。

第二，具有较宽的光谱范围，如使用人眼看不见的红外测量，扩展了人眼的视觉范围。

第三，长时间稳定工作，人类难以长时间对同一对象进行观察，而机器视觉则可以长时间地做测量、分析和识别任务。

机器视觉系统的应用领域越来越广泛。在工业、农业、国防、交通、医疗、金融，甚至体育、娱乐等行业都获得了广泛的应用，可以说已经深入到

---

①杨再恩，李文骥.基于机器视觉的工业机器人智能抓取系统设计[J].科技与创新，2023（24）：29-31.

我们的生活、生产和工作的各个方面。

第二节 机械设备数字控制技术

一、机床数字控制的基本概念

数字控制（Numberical Control）是近代发展起来的一种自动控制技术，是用数字化的信息实现机床控制的一种方法。数字控制机床（Computer numerical control machine tools）是采用了数字控制技术的机床，简称数控（NC）机床。数控机床是一种装有数控系统的机床，该系统能逻辑地处理具有使用号码，或者其他符号编码指令规定的程序。数控系统是一种控制系统，它能自动完成信息的输入、译码、运算，从而控制机床的运动和加工过程。数控机床是近代发展起来的具有广阔发展前景的新型自动化机床，是高度机电一体化的产品。

二、机床数字控制的原理

数控机床的加工，首先要将被加工零件图上的几何信息和工艺信息数字化，按规定的代码和格式编成加工程序。信息数字化就是把刀具与工件的运动坐标分割成一些最小单位量，即最小位移量。数控系统按照程序的要求，经过信息处理、分配，使坐标移动若干个最小位移量，实现刀具与工件的相对运动，完成零件的加工。

机床的数字控制是由数控系统完成的。数控系统包括数控装置、伺服驱动装置、可编程控制器和检测装置。

数控装置是用于机床数字控制的特殊用途的电子计算机，它能接收零件图纸加工要求的信息，进行插补运算，实时地向各坐标轴发出速度控制指令及切削用量。

伺服驱动装置能快速响应数控装置发出的指令带动机床各坐标轴运动，同时能提供足够的功率和扭矩。伺服驱动装置按其工作原理可分为两种控制方式：关断控制和调节控制。关断控制是将指令值与实测值在关断电路的比较器中进行比较，相等后发出信号，控制结束。这种方式用于点位控制。调节控制是数控装置发出运动的指令信号，伺服驱动装置快速响应跟踪指令信号。检测装置将位移的实际值检测出来，反馈给数控装置中调节电路比较器，有差值就发出信号，不断比较指令值与反馈的实测值，不断地发出信号，直到差值为零，运动结束。这种方式用于连续轨迹控制。

可编程控制器用于开关量控制，如主轴的启停、刀具更换和冷却液开关等信号。

检测装置用在调节控制中，检测运动的实际值，并反馈给数控装置，从而实现差值控制。从理论上讲，它的检测精度决定了数控机床的加工精度。

三、数控机床及加工特点

近代大工业生产大量采用了刚性自动化。在汽车工业以及轻工业消费品生产方面，采用了大量的组合机床自动线、流水线；在标准件生产中采用了凸轮控制的专用机床和自动机床。这类机床适合大批量生产，但是建立制造过程很难，所以更换产品，修改工艺要较长的时间和比较多的费用。

由于产品多样化和产品更新，解决单件、小批量生产自动化迫在眉睫。航空、造船、电子等工业对解决复杂型零件加工和高精度零件加工要求越来越高，这就使刚性自动化不能满足要求，柔性加工和柔性自动化也就迅速发展起来。

数控机床是新型的自动化机床，它具有广泛通用性和很高的自动化程度。数控机床是实现柔性自动化最重要的装置，是发展柔性生产的基础。数控机床在下面一些零件的加工中，更能显示出它的优越性。它们是：①批量小而又多次生产的零件。②几何形状复杂的零件。③在加工过程中必须进行多种加工的零件。④切削余量大的零件。⑤必须控制公差（即公差带范围小）的零件。⑥工艺设计会变化的零件。⑦加工过程中的错误会造成严重浪费的贵重零件。⑧需全部检测的零件，等等。

四、数控机床的优点

（一）提高生产率

数控机床能缩短生产准备时间，增加切削加工时间的比率。采用最佳切削参数和最佳走刀路线能缩短加工时间，从而提高生产率。

（二）稳定产品质量

采用数控机床可以提高零件的加工精度，稳定产品质量。它是按照程序自动加工不需要人工干预，而且加工精度还可以利用软件进行校正及补偿。因此，可以获得比机床本身精度还要高的加工精度及重复精度。

（三）有广泛的适应性和较大的灵活性

通过改变程序，就可以加工新品种的零件。能够完成很多普通机床难以完成，或者根本不能加工的复杂型面的零件的加工。

（四）可以实现一机多用

一些数控机床，如加工中心，可以自动换刀。一次装卡后，几乎能完成零件的全部加工部位的加工，节省了设备和厂房面积。

（五）提高经济效益

可以进行精确的成本计算和生产进度安排，减少在制品，加速资金周转，提高经济效益。

（六）不需要专用夹具

采用普通的通用夹具就能满足数控加工的要求，节省了专用夹具设计制造和存放的费用。

（七）大大地减轻了工人的劳动强度

数控机床是具有广泛的通用性同时具有很高自动化程度的全新型机床。它的控制系统不仅能控制机床各种动作的先后顺序，还能控制机床运动部件的运动速度，以及刀具相对工件的运动轨迹。数控机床是计算机辅助设计与制造（CAD/CAM），群控（DNC），柔性制造系统（FMS），计算机集成制造系统（CIMS）等柔性加工和柔性制造系统的基础。

但是，数控机床的初投资及维修技术等费用较高，要求管理及操作人员的素质也较高。合理地选择及使用数控机床，可以降低企业的生产成本，提高经济效益和竞争能力。

五、数控机床的组成及分类

（一）数控机床的组成

数控机床一般由控制介质、数控装置、伺服系统、测量反馈装置和机床主机组成。①

---

①李晓博，李刚，李小兵，等.极坐标数控机床的设计[J].机械制造，2023，61（08）：57-60+56.

1.控制介质

控制介质是存贮数控加工所需要的全部动作和刀具相对于工件位置信息的媒介物，它记载着零件的加工程序。数控机床中，常用的控制介质有穿孔带（也称数控带）、穿孔卡片、磁带和磁盘等。早期使用的是8单位（8孔）穿孔纸带，并规定了标准信息代码ISO（国际标准化组织制定）和EIA（美国电子工业协会制定）两种代码。尽管穿孔纸带趋于淘汰，但是规定的标准信息代码仍然是数控程序编制、制备控制介质唯一遵守的标准。

2.数控装置

数控装置是数控机床的核心。现代数控机床都采用计算机数控装置，即CNC（Computer Numerical Control）装置。它包括微型计算机的电路、各种接口电路、CRT显示器、键盘等硬件以及相应的软件。

数控装置能完成信息的输入、存储、变换、插补运算以及实现各种控制功能，它具备的主要功能如下：①多坐标控制（多轴联动）。②实现多种函数的插补（直线、圆弧、抛物线等）。③多种程序输入功能（人机对话、手动数据输入、由上级计算机及其他计算机输入设备的程序输入），以及编辑和修改功能。④信息转换功能：EIA/ISO代码转换，英制/公制转换，坐标转换，绝对值/增量值转换，计数制转换等。⑤补偿功能：刀具半径补偿，刀具长度补偿，传动间隙补偿，螺距误差补偿等。⑥多种加工方式选择，可以实现各种加工循环，重复加工，凹凸模加工和镜像加工等。⑦具有故障自诊断功能。⑧显示功能。用CRT可以显示字符、轨迹、平面图形和动态三维图形。⑨通讯和联网功能。

3.伺服系统

伺服系统是接收数控装置的指令，驱动机床执行机构运动的驱动部件。包括主轴驱动单元（主要是速度控制）、进给驱动单元（主要有速度控制和位置控制）、主轴电机和进给电机等。一般来说，数控机床的伺服驱动系统，要求有好的快速响应性能，以及能灵敏而准确地跟踪指令功能。现在常用的是直流伺服系统和交流伺服系统，而交流伺服系统正在取代直流伺服系统。

4.测量反馈装置

该装置可以包括在伺服系统中，它由检测元件和相应的电路组成，其作用是检测速度和位移，并将信息反馈回来，构成闭环控制。没有测量反馈装置的系统称为开环系统，常用的测量元件有脉冲编码器、旋转变压器、感应同步器、光栅和磁尺等。

5.机床主机

主机是数控机床的主体，包括床身、主轴、进给机构等机械部件。数控机床的主机结构有下面几个特点：第一，由于采用了高性能的主轴及进给伺服驱动装置，数控机床的机械传动结构得到了简化，传动链较短。第二，数控机床的机械结构具有较高的动态特性、动态刚度、阻尼精度、耐磨性以及抗热变形性能。适应连续地自动化加工。第三，较多地采用高效传动件，如滚珠丝杠副直线滚动导轨等。

为了保证数控机床功能的充分发挥，还有一些配套部件（如冷却、排屑、防护、润滑、照明、储运等一系列装置）和附属设备（程编机和对刀仪等）。

（二）数控机床的分类

目前，数控机床品种齐全，规格繁多。为了研究数控机床，可以从不同的角度和按照多种原则来进行分类。

1.按控制系统的特点分类

（1）点位控制数控机床

这类数控机床的数控装置只要求精确地控制一个坐标点到另一个坐标点的定位精度，而不管从一点到另一点是按照什么轨迹运动。在移动过程中不进行任何加工。为了精确定位和提高生产率，首先系统高速运行，然后进行1～3级减速，使之慢速趋近定位点，减小定位误差。这类数控机床主要有数控钻床、数控坐标镗床、数控冲床和数控测量机等。

（2）直线控制数控机床

这类数控机床不仅要求具有准确的定位功能，而且要求从一点到另一点之间按直线运动进行切削加工。其路线一般是由和各轴线平行的直线段组成（也包括45度的斜线）。运动时的速度是可以控制的，对于不同的刀具和工件，可以选择不同的切削用量。这一类数控机床包括：数控车床、数控镗铣床、加工中心等。一般情况下，这些机床有两个到三个可控轴，但同时控制轴只有一个。

（3）轮廓控制的数控机床

这类数控机床的数控装置能同时控制两个或两个以上坐标轴，具有插补功能。对位移和速度进行严格的不间断的控制。具有轮廓控制功能，即可以加工曲线或者曲面零件。轮廓控制数控机床有二坐标及二坐标以上的数控铣床。可加工曲面的数控车床、加工中心等。现代数控机床绝大部分都具有两坐标或两坐标以上联动的功能。

（4）联动控制的数控机床

按照联动（同时控制）轴数分，可以分为2轴联动、2.5轴联动、3轴联动，4轴联动、5轴联动等数控机床。2.5轴联动是三个主要控制轴（x、y、z）中，任意两个轴联动，另一个是点位或直线控制。

2.按伺服系统的类型分类

（1）开环控制数控机床

这类数控机床没有检测反馈装置，数控装置发出的指令信号的流程是单向的，其精度主要决定于驱动元器件和电机（如步进电机）的性能。这类机床比较稳定，调试方便，适用经济型、中小型机床。

（2）闭环控制数控机床

这类机床数控装置中插补器发出的指令信号与工作台端测得的实际位置反馈信号进行比较，根据其差值不断控制运动，进行误差修正。直至差值消除为止。采用闭环控制的数控机床可以消除由于传动部件制造中存在的精度误差给工件加工带来的影响，从而得到很高的精度。但是由于很多机械传动环节包括在闭环控制的环路内，各部件的摩擦特性、刚性以及间隙等都是非线性量，直接影响伺服系统的调节参数。因此，闭环系统的设计和调整都有较大的难度，设计和调整得不好，很容易造成系统的不稳定。所以，闭环控制数控机床主要用于一些精度要求很高的镗铣床、超精车床、超精磨床等。

（3）半闭环控制数控机床

大多数数控机床采用半闭环控制系统，它的检测元件装在电机或丝杠的端头。这种系统的闭环环路内不包括机械传动环节，因此可以获得稳定的控制特性，由于采用高分辨率的测量元件（如脉冲编码器），又可以获得比较满意的精度与速度。

3.按工艺用途分类

（1）金属切削类数控机床

这类机床和传统的通用机床品种一样，有数控车床、数控铣床、数控钻床、数控磨床、数控镗床以及加工中心机床等。数控加工中心机床是带有自动换刀装置，在一次装卡后，可以进行多种工序加工的数控机床。

（2）金属成型类数控机床

如数控折弯机、数控弯管机、数控回转头压力机等。

（3）数控特种加工及其他类型数控机床

如数控线切割机床、数控电火花加工机床、数控激光切割机床、数控火焰切割机、数控三坐标测量机等。

4.按照功能水平分类

按照功能水平分类可以把数控机床分为高、中、低档（经济型）三类。该种分法没有一个确切的定义，但可以给人们一个清晰的一般水平概念。数控机床水平的高低由主要技术参数、功能指标和关键部件的功能水平来决定。下述几个方面可作为评价数控机床档次的参考条件。

（1）分辨率和进给速度

分辨率为 $10\mu m$，进给速度为 $8 \sim 15m/min$ 为低档；分辨率为 $15m$，进给速度为 $15 \sim 24m/min$ 为中档；分辨率为 $0.1\mu m$，进给速度为 $15 \sim 100m/min$ 为高档。

（2）多坐标联动功能

低档数控机床最多联动轴数为 $2 \sim 3$ 轴，中、高档则为 $3 \sim 5$ 轴以上。

（3）显示功能

低档数控一般只有简单的数码管显示或简单的CRT字符显示（CathodeRayTube，阴极射线管）。中档数控有较齐全的CRT显示，不仅有字符，而且还有图形、人机对话、自诊断等功能。高档数控还有三维动态图形显示。

（4）通信功能

低档数控无通信功能。中档数控有 RS232 或 DNC（Direct Numerical Control，直接数控，也称群控）接口。高档数控有 MAP（manufacturing automation protocol，制造自动化协议）等高性能通信接口，具有联网功能。

（5）主CPU（central processing unit，中央处理单元）

低档数控一般采用8位CPU，中、高档数控已经由16位CPU发展到32位、64位CPU，并且具有精简指令集的RISC中央处理单元。此外，进给伺服水平以及PC（Programmable Controller，可编程控制器）功能也是衡量数控档次的标准。

经济型数控是相对于标准数控而言，在不同时期、不同国家含义是不一样的。根据实际机床的使用要求，合理地简化系统，降低成本。区别于经济型数控，把功能比较齐全的数控系统称为全功能数控，或称为标准型数控。

六、数控机床的检测和监督

数控机床加工过程中进行检测与监控越来越普遍，装有各种类型的监控、检测装置。例如红外、声发射（AE）、激光检测装置，对刀具和工件进行监测。发现工件超差、刀具磨损、破损，都能及时报警，并给予补偿，或对刀具进行调换，保证了产品质量。

现代的数控机床都具有很好的故障自诊断功能及保护功能。软件限位和自动返回功能避免了加工过程中出现的特殊情况而造成工件报废和事故。

七、适应控制（Adaptive Control）

数控机床增加更完善的适应控制功能是数控技术发展的一个重要方向，适应控制机床是一种能随着加工过程中切削条件的变化，自动地调整切削用量，实现加工过程最佳化的自动控制机床。数控机床的适应控制功能由检测单一或少数参数（如功率、扭矩或力等）进行调整的"约束适应控制"（Adaptive Control Constraint，简称ACC），发展到检测调控多参数的"最佳适应控制"（Adaptive Control Optimization，简称ACO）和"学习适应控制"（Trainable Adaptive Control，简称TAC）。

第三节 机械设备自动控制技术

一、机电自动控制系统概念

机电自动控制系统是一种非人力的生产系统。它是通过控制器使被控制对象或过程按照规定的规律运行，需要依靠所设定的程序，以及各个装置、机器等的相互配合。由于在生产过程中基本不需要人为的干预，所以机电自动控制系统具有高效化、智能化、自动化三个特征。它借助了计算机、微电子等技术，实现了对相关的信息进行分析和处理，使得各种不同的生产设备能够在同一时间内完成不同的工作。机电在工作中需要根据很多数据来进行，所用到的技术也很多，自动化控制技术可以将所有的技术进行耦合，最终形成一套完整的控制系统。通过远程监控技术，工作人员可以随时依靠计算机进行监控，及时了解每一个生产过程的生产情况，尽量保证机电工作的准确性。它不仅减少了工作人员的工作量，避免人工失误，还降低了工作人员的危险系数。从机电行业的角度来讲，机电自动控制技术将整个生产过程连接成一个整体，方便了管理控制，提高了生产效率，促进了自动化控制技术的发展。

二、机电自动控制技术产品的设计要求

为了减轻劳工强度，人们一直在寻找可以替代的产品，因此各种半自动机械产品不断出现。随着电子产品、信息技术的出现，人们开始设计能够自动运动的设备，以提高工作效率。

（一）应用性

就目前问题而言，国内加工与研究机电自动控制技术的企业与单位很多，但要想真正开发出人们需要的产品，就要保证该产品的应用性。如果产品应用度不高或使用性差，就会引起相关人员的反感。对此产品研发人员应从减轻工人劳动强度、加快企业生产速度、提高企业产品质量着手，设计出能够满足企业需求的机电自动控制技术产品。在企业生产劳动中需要加工大

量精确度高的产品，当工人不能加工时，就需要有能够生产这样产品的设备。此外，由于有些工作地点还具有危险性，不是高温就是有毒，工作人员的健康安全得不到保障，如果在这里应用自动设备，就能解决此类问题。

（二）专用性

在今日社会里没有什么机械是万能的，机电自动控制技术产品也不例外，一般只能用在一种设备上，这就是该产品的专用性。从企业角度看，企业所需要的产品是能够满足企业生产需求的专一产品，而不是多样化的产品。因此相关研究人员应根据实际需求设计产品。生产各种精密产品的数控公司，所需要的产品更为精密、灵敏度更高、反应更快。某些工作地区可能处于高温地区，需要抗高温的仪器。以上所说都是强调产品应具有很好的专用性。

三、机电控制系统中自动控制技术的应用途径

（一）自动控制技术应用于机电控制装备

控制装备和控制器是自动控制技术核心内容，举一个简单的例子来说，利用控制器记录机电控制装备的运转速度。大多数机电企业引进新型自动控制技术，比如PLC，即可编程逻辑控制器。控制器的加入，使得系统的整体性得到加强。在系统运行的过程中，能够及时发现问题，并制定解决方案，这不仅控制了成本，而且极大地提高了工作效率，保证了产品质量。

（二）自动控制技术应用于机电微型计算机

通过在机电微型计算机方面的应用研究发现，其原理是在相关控制装备的环境条件下，建立所需要的数学模型，以此在辅助下控制有关的程序。通过对实际的应用情况进行研究，可以归纳出这种技术应用三个方面的优势。

单就生产价值而言，由于控制关系和运动规律二者的关系得到了优化调整，因此单元技术得到了进一步的发展。技术的发展使得产品的生产周期减小，但是使用寿命得以加长，同时科技的发展也使得产品的科技含量得到有效提升，产品的更新换代速度也显著提高，其生产价值得到很好的发展。

从安全角度看待自动控制技术的应用情况，我们可以发现由于自动控制技术的应用，使得计算机的危险感知能力进一步地提高。表现在具体的生产过程中就是，当设备检测到某一环节出现问题时，就会及时作出反应，停止

运转，从而控制成本。

从机电本身而言，自动化技术在一定程度上能够有效推动一体化的进程。

四、机电控制系统中的一体化设计

在世界各国发展的推动下，我国已成为世界上数一数二的制造业大国，每天都有无数件商品被生产出来。依靠工厂中无数的机器来进行生产，生产量大并且井井有条，为人们提供了很大的便利。机电自动化控制系统和一体化设计的发展，在一定程度上满足了人们日常生产生活的需求，渐渐脱离了传统的生产方式，并且其中还融入了可持续发展的观念，改变了之前工业行业浪费、随意排放的恶习，使生产过程更加绿色化、健康化。

机电一体化设计在现实生活中应用极为广泛，比如机械领域、电子领域等。掌握了机电一体化技术可以完善机电一体化控制系统，提高机电行业的智能化发展。由于我国制造业发展比较迅速，电子产业、电器产品等产量不断增加，致使国内相关领域对机电控制系统自动控制技术一体化的需求不断加深。研究机电控制系统一体化的目的在于提高产品的性能，其中主要包括环保性、模块集成性和智能性。总之，机电控制系统一体化是将微电子技术、自动控制技术等进行综合运用，对系统中的各个部分进行优化、分配，实现一体化系统的高效运作。

机电一体化具有智能化、网络化、模板化等特征。在传统的生产过程中，工业生产需要几个部门的工作人员来分工进行，耗时较长并且工作效率偏低，另外还降低了机械设备的工作效率。机电系统一体化设计应用之后，控制器和微型计算机被用于机电的控制系统，摒弃了原来零散的装备，使得所有的器械得以连通，在提高工作效率的同时还优化了产品质量。

（一）机电线路中的一体化设计

传统机电控制在运转过程中，由于电子线路具有一定的独立性，与控制装备分离，因此运转情况无法实时输送到控制中心，设备使用率与运转正确率相对较低。机电一体化设计针对这种问题，进行了相应的优化措施，革新传统的机电控制，显著提高了工作效率。因此逐渐得到推广，促进产品的更新换代，推动机电行业的变革与发展。

（二）机械装置中的一体化设计

机电一体化设计是一个相对复杂、系统的过程，相关人员在进行设计工作时，一定要处理好机械装备自动化控制装备以及生产装备的平衡关系。使得设计结果不会偏向于某一设备，从而提高设计的整体质量，完善系统，优化机电装置。在机械装置的一体化设计工作时，建立健全人才培育机制尤为重要。企业在培养内部人才的同时，也要注重外部人才的引入，提升企业人才储备力度，同时加强日常的培训与技能的训练，保证设计者的综合素质。设计者在进行工作时，要注重创新思维的运用，综合考虑问题。加强交流与合作，促进产品质量的有效提高。

（三）机电功能模块中的一体化设计

在功能模块的一体化设计中，要注重机电控制的系统观念，在这种整体思想下，运用自动控制技术，将最优部分进行整合，并且利用元件调整关系，有效地处理冲突，从而达到目的，将经济效益扩大到最大化。在进行设计工作时，不能够只考虑某一部分，否则会适得其反，造成额外的费用支出。例如某些企业更换机电装置不彻底，会发生预想不到的问题，造成效率低下，成本过高。

五、机电控制技术与一体化设计

工厂里的工作人员只需要设定好程序并随时检查机器状况，剩下的工作就靠机械来完成。自动化和一体化构造了工厂的灵魂，机电控制技术和一体化设计对准确性的要求比较高，在一体化系统进行设计期间，相关的工作人员在考虑市场、产品性能等方面的因素时，还要考虑最终产品的成本。一体化系统在设计完成以后，还要在实际生产中对其适用的可能性进行检测，对产品自身存在的不足进行改进和补充，最终形成一套可行的系统。在这个过程中，自动化和一体化相互配合，使得在生产的过程中能够更加顺利、准确。机电自动化控制系统是一个完整的系统，将机械装备、生产装备以及自动化控制装备结合在一起，大大促进了一体化的设计，能够做到这样是个不小的考验，工程师需要在这三者之间找到一个合适的平衡点，在机电自动化控制系统中加入一体化设计，优化了机电装置的整体性质。

通过对机电自动控制技术与一体化设计分析得到，机电一体化设计是自动化控制技术与机电控制系统相结合的产物，充分协调了企业的投资与产品收益之间的关系，推进了智能化的进程，极大程度上促进了生产效率。虽然机电自动控制系统与一体化设计在人们的日常生活中应用极其广泛，但是它在如今的发展过程中仍然面临着诸多问题。因此绝对不能只满足于它当今的发展程度，而是更需要利用专业的理论知识，结合前沿的科学技术不断地探索、研究，力求让机电发展更加完善，为人们日常的生产生活提供可靠的动力。

六、机电自动控制技术产品的设计方法

（一）控制器与微型计算机加入使用

设计研发者应从使用者的角度进行研制。首先应设计出一个控制器，并由这个控制器对该设备进行控制，使其能够自动完成所有的工作。现代电子技术以及信息技术的发展给机电自动控制技术研发人员带来了很大的便利。此外，用微型计算机设计机电一体化产品，将电子线路与系统固有的机械控制结构有机结合应用到变速机构、凸轮中，使其代替系统中原有的插销板和步进开关等传统接触式控制器，从而完成设计。[①]

（二）电子技术与机械设备有机结合

机电自动控制技术是将电子技术应用于机器设备中，为了保证该应用的顺利进行，研发人员应吸取更多的经验，在原有设计的基础上不断开发思维，提高控制系统的控制精度和运行效率。在一体化应用中，其产品的原理并无变化，只是在设计时应考虑到电子控制的应用。

七、机电一体化设计方法

（一）机电一体化设计方法之组合法

顾名思义，组合法就是在进行设计工作时，通过将不同功能的标准模块进行适当组合，使其达到我们所预设的目的。随着社会的发展，单一的某一元件已经远不能满足使用需求，因此为了适应发展需求，通过对某一些特定的标准模块进行整合，调整优化各部分关系，以此形成具有特定功能的综合性系统。组合法的应用范围较为广泛，特别是在某些领域已经展现出优异的

---

①吕栋腾.机电设备控制与检测[M].北京：机械工业出版社，2021.

应用前景。再者组合法因为其方法特点，使得产品开发周期短，见效较快，因而展现出良好的发展前景。

（二）机电一体化设计方法之取代法

在机电设计中除了组合法以外，取代法也是常用的设计方法之一。取代法的设计原理就是将电子线路作为媒介，以此达到结构控制的目的。在我国现阶段的生产过程中，任务的完成通常是通过机械控制结构来达到目的，但这种方式的弊端在于运行过程较为单一，并由此造成的工作效率难以得到很大提高。而应用取代法进行电子线路的设计时，能够增加运行过程的多样性，有效提高工作效率，因此展现出良好的应用前景。

应用取代法进行电子线路控制时，要按照一定的工序进行。首先要进行编译工作，也就是将程序指令编译到控制元件之上，在这个过程中要注意线路与机构的整合。然后进行取代工作，采取合适的方式进行控制工作。取代法的优点在于简化传统机电装置的同时，进行一体化设计，有效提高产品的质量，保证工作效率。

（三）机电一体化设计方法之整体法

整体法在于整体视角的使用。它是应用专业知识，从整体视角出发对各部分进行整合优化，以达到设计目的。整体法的设计周期较长，成本控制也较为困难，但从设计方法的角度出发，整体理念使得产品的整体性较强。能够将创新的理念有机融合，促进机电一体化产品的整体发展，因此，其应用推广也具有相当重要的价值。

机电控制系统和自动化控制技术结合的产物是机电一体化。它使企业投资和收益之间的关系更加协调，使企业生产效率得到提高，智能化进程得到推进。企业要迎合时代发展趋势，着力开发机电一体化产品，用信息化、自动化转变企业经济模式，从粗犷型经济转变为集约型经济。节约生产成本，让工作人员素质水平得到提高，培养机电一体化人才，建造企业优良品牌。

八、机电自动控制技术的发展以及技术应用要求

（一）机电自动控制技术的发展

当前我国的机电自动控制技术在诸多领域得到了应用，实现了机电一体化，机电控制系统也较为普遍。我国在机电自动控制技术的发展时间相对较

晚，整体的技术发展后劲比较足。20世纪20~30年代时，我国还没有机电控制技术，机械生产质量以及制造企业是通过人力完成工作，到了20世纪40年代的时候对现代科技有了进一步的了解，开始对机电控制理论进行了研究探索，这一过程中的结论成果对后续的技术发展打下了基础。到了20世纪50年代的时候，我国在机电控制技术的发展中已经有了初步的成果，对机电控制技术的核心控制办法进行了创新，这就扩大了技术的应用范围。20世纪60~70年代，互联网技术推动机电自动控制技术的发展，从而大大促进了我国机电自动控制技术的发展。当前我国的机电自动控制技术已经逐步实现了智能化的发展目标，也大大提高了生产力水平。

（二）机电自动控制技术应用要求

机电自动控制技术的应用是综合性的技术。技术应用中通过反馈控制系统结合系统手机的信息进行识别分析，并通过调整输入输出且出现的偏差，向着自动控制系统的控制装置发出反馈信息，这样就能保障自动控制装置的指令正确性。在机电自动控制技术的实际应用过程中，要满足相应的要求，这样才能提高技术的整体应用效率，确保技术应用的稳定性。控制系统的交付以及使用的基础就是保障技术应用的稳定，这样才能真正发挥机电自动控制技术的作用。再有就是要注重技术应用的精确性和快速性，不仅要能够保障控制系统的稳定性，还要在控制的精确度方面加强重视，以及要在系统的响应速度方面达到相应的要求。

九、机电自动控制技术应用优势和应用发展趋势

（一）机电自动控制技术应用优势

机电自动控制技术在实际应用中，有着诸多的优势。

在机电自动控制技术的应用下，能有效提高生产能力以及工作质量。由于机电自动化技术的应用产品都有着信息自动处理控制的性能，控制检测的灵敏度比较高，这样就能结合设计的标准进行自动化的操作，不会受到机械操作者主观因素影响。

在机电自动控制技术的应用下，能够保障技术应用的安全可靠，从整体的性能上能大大提高。机电自动控制设备的自动监视以及诊断和保护等功能都比较突出，在这一技术的应用下就能最大化地减少故障的发生，能保障装

置的使用安全。

机电自动控制技术的应用中其复合功能也比较突出，有着比较广泛的适用面，这就能最大化地满足用户的使用要求。

（二）机电自动控制技术应用发展趋势

机电自动控制技术的应用在诸多领域都能发挥其作用，并且用不同的自动控制技术，最终达到优化的效果。未来的机电自动控制技术的应用发展就会向着智能化的方向迈进，这也是当前比较流行的技术研究对象。人工智能技术在当前被人们所熟知，并且带领着人类向前发展，未来的机电自动控制技术的发展就会实现智能化的目标，并且当前已经有智能化机电自动控制设备进行应用，其对高性能以及高速度微处理器的应用下，能保障技术应用的安全可靠。另外，机电自动控制技术的应用向着网络化的方向发展，通过远程控制终端能够对机电自动控制设备进行控制，这样就能从整体上提高控制的效率。机电自动控制技术的模块化发展也是未来发展的重要方向，这是比较大的工程，机电自动控制技术所演变的产品种类繁多，通过模块化的发展就能提高产品的适用度，实现产品的规模化发展。

综上所述，机电自动控制技术的发展对各个领域的发展都产生了很大影响。通过技术的科学应用，从多方面加强技术的应用质量控制，以及注重技术的升级应用。这些都能有助于机电自动控制技术的可持续发展。

第四章 机电设备状态监测与故障诊断

第一节 设备的前期管理

一、概述

（一）设备前期管理的定义

设备前期管理（又称"设备规划工程"），是指从制订设备规划方案到设备投产为止这一阶段全部活动的管理工作，包括设备的规划决策、外购设备的选型采购和自制设备的设计制造、设备的安装调试、设备使用的初期管理四个环节。其主要研究内容包括：设备规划方案的调研、制订、论证和决策，设备货源调查及市场情报的搜集、整理与分析，设备投资计划及费用预算的编制与实施程序的确定，自制设备的设计方案的选择和制造，外购设备的选型、订货及合同管理，设备的开箱检查、安装、调试运转、验收与投产使用，设备初期使用的分析、评价和信息反馈，等等。

（二）设备前期管理与设备寿命期管理

从设备一生的全过程来看，设备的规划对设备一生的综合效益影响较大。维修固然重要，但就维修的本质来说是事后的补救，而设计制造中的问题，在单纯的维修中往往无法解决。

一般来说，降低设备成本的关键在于设备的规划、设计与制造阶段。因为在这个阶段设备的成本（包括使用的器材、施工的工程量和附属装置等费用）已基本上决定了。显然，精湛优良的设计会使设备的造价和寿命周期费用大为降低，并且性能完全达到要求。

设备前期管理若不涉及外购设备的设计和制造，设备的寿命周期费用一般无法直接控制。做好此项工作，就抓住了前期工作的关键，也就基本上做好了设备的前期管理工作。

设备的规划和选择，决定企业的生产模式、生产方式、工艺过程和技术水平。设备投资一般占企业固定资产投资的60%~70%。设备的生产效率、精度、性能、可靠程度如何，生产是否适用，维修是否方便，使用是否安全，能源节省或浪费，对环境有无污染等，都决定于规划和选择。设备全寿命周期的费用，决定着产品的生产成本。设备的寿命周期费用是设置费和维修费的总和。设备的设置费是以折旧的形式转入产品成本的，是构成产品固定成本的重要部分，使用费直接影响着产品的变动成本。设备寿命周期费用的多少，直接决定着产品制造成本的高低，决定着产品竞争能力的强弱和企业经营的经济效益；而设备95%以上的寿命周期费用则取决于设备的规划、设计与选型阶段的决策。

（三）设备前期管理的工作程序

设备的前期管理按照工作时间先后分为规划、实施和总结评价三个阶段。

规划阶段主要是进行规划构思、初步选择、编制规划、评价和决策。本阶段工作的重点是对规划项目的可行性进行研究，确定设备的规划方案。

实施阶段主要是进行设备的设计制造，或者是进行选型（招标）、订货和购置等工作，也可以从租赁市场租赁设备，并对这些工作加以管理。如设备正式使用前的人员培训、检查验收和试运行等的管理。本阶段工作的重点是尽可能缩短设备的投资周期，及时发挥设备的投资效益。

总结评价阶段主要进行设备在规划、设计制造或选型采购、安装调试、使用初期等阶段的数据与信息的收集、整理、分析和反馈，为以后企业设备的规划、设计或选型提供依据。

（四）设备前期管理的职责分工

设备前期管理是一项系统工程，企业各个职能部门应有合理的分工和协调的配合，否则前期管理会受到影响和制约。设备前期管理涉及企业的规划和决策部门、工艺部门、设备管理部门、动力部门、安全环保部门、基建管理部门、生产管理部门、财务部门以及质量检验部门。其具体的职责分工如下。

第一，规划和决策部门。企业的规划和决策部门一般都要涉及企业的董事会和经理、总工程师、总设计师。应根据市场的变化和发展趋向，结合企业的实际状况，在企业总体发展战略和经营规划的基础上委托规划部门编制企业的中长期设备规划方案，并进行论证，提出技术经济可行性分析报告，作为领导层决策的依据。在中长期规划得到批准之后，规划部门再根据中长期规划和年度企业发展需要制订年度设备投资计划。企业应指定专门的领导负责各部门的总体指挥和协调工作，规划部门加以配合，同时组织人员对设备和工程质量进行监督评价。

第二，工艺部门。从新产品、新工艺和提高产品质量的角度，向企业规划和高级决策部门提出设备更新计划和可行性分析报告；编制自制设备的设计任务书，负责签订委托设计技术协议；提出外购设备的选型建议和可行性分析；负责新设备的安装布置图设计、工艺装备设计、制订试车和运行的工艺操作规程；参加设备试车验收等。

第三，设备管理部门。负责设备规划和选型的审查与论证；提出设备可靠性、维修性要求和可行性分析；协助企业领导做好设备前期管理的组织、协调工作；参加自制设备设计方案的审查及制造后的技术鉴定和验收；参加外购设备的试车验收；收集信息，组织对设备质量和工程质量进行评价与反馈。

负责设备的外购订货和合同管理，包括订货、到货验收与保管、安装调试等。对于一般常规设备，可以由设备和生产部门派专人共同组成选型、采购小组，按照设备年度规划和工艺部门、能源部门、环保部门、安全部门的要求进行；对于精密、大型、关键、稀有、价值昂贵的设备，应以设备管理部门为主，由生产、工艺、基建管理、设计及信息部门的有关人员组成选型决策小组，以保证设备引进的先进性和经济性。

第四，动力部门。根据生产发展规划、节能要求、设备实际动力提出动力站房技术改造要求，做出动力配置设计方案并组织实施，参加设备试车验收工作。

第五，安全环保部门。提出新设备的安全环保要求，对于可能对安全、环保造成影响的设备，提出安全、环保技术措施的计划，并组织实施，参加设备的试车和验收，并对设备的安全与环保实际状况作出评价。

第六，基建管理部门。负责设备基础及安装工程预算；负责组织设备的基础设计、施工，配合做好设备安装与试车工作。

第七，生产管理部门。负责新设备工艺装备的制造，新设备试车准备，如人员培训、材料、辅助工具等；负责自制设备的加工制造。

第八，财务部门。筹集设备投资资金；参加设备技术经济分析，控制设备资金的合理使用，审核工程和设备预算，核算实际需要费用。

第九，质量检验部门。负责自制和外购设备质量、安装质量和试生产产品质量的检查，参加设备验收。

以上介绍了企业各职能部门对设备前期管理的责任分工。这项工作一般应由企业领导统筹安排，指定一个主要责任部门（如设备管理部门）作为牵头单位，明确职责分工，加强相互配合与协调。

二、设备规划的制订

企业设备规划，即设备投资规划，是企业中、长期生产经营发展规划的主要组成部分。

制定和执行设备规划，对企业新技术、新工艺应用，产品质量提高，扩大再生产，设备更新计划，以及其他技术措施的实施，起着促进和保证作用。因此，设备规划的制订必须首先由生产（使用）部门、设备管理部门和工艺部门等在全面执行企业生产经营目标的前提下，提出本部门对新增设备或技术改造实施意见草案，报送企业规划（或计划）部门，由其汇总并形成企业设备规划草案。经组织有关方面（财务、物资、生产、设备和经营等职能部门）讨论、修改整理后，送企业领导审查批准即为正式设备规划，并下达至各有关业务部门执行。

一般情况下，设备规划可行性研究应包括以下五项内容。

（一）确定设备规划项目的目的、任务和要求

与决策者及相关人员对话，分析研究规划的由来、背景及重要性和规划可能涉及的组织及个人；明确规划的目标、任务和要求，初步描述规划项目的评价指标、约束条件及方案等。

（二）规划项目技术经济方案论述

论述规划项目与产品的关系，包括产品的年产量、质量和总生产能力等，以及生产是否平衡，提出规划设备的基本规格，包括设备的功能、精度、性能、生产效率、技术水平、能源消耗指标、安全环保条件和对工艺需要的满足程度等技术性内容；提出因此而导致的设备管理体制、人员结构、

辅助设施（车间、车库、备件库供水、采暖和供电等）建设方案实施意见；进行投资、成本和利润的估算，确定资金来源，预计投资回收期，销售收入及预测投资效果等。

（三）环保和能源的评价

在论述设备购置规划与实施意见中，要同时包含对实施规划而带来的环境治理（包括对空气和水质污染、噪声污染等）和能源消耗方面问题的影响因素分析与对策的论述。

（四）实施条件的评述

设备规划的实施方案意见，应对设备市场（国内和国际）调查分析、价格类比、设备运输与安装场所等方面的条件进行综合性论述。

（五）总结

总结阶段必须形成设备规划可行性论证报告，主要内容包括：规划制定的目的、背景、条件和任务，明确提出规划研究范围；对所制订的设备规划的结论性整体技术经济评价；由于在设备规划实施周期内可能会遇到企业经济效果、国家经济（或贸易）政策调整、金融或商品（燃料或建材等原材料）市场情况变化，以及规划分析论证时未估计到的诸多影响因素，都要进行恰当分析；对规划中设备资金使用、实施进度控制和各主管部门间的协调配合等重要问题提出明确意见。

三、设备投资分析

设备投资是设备规划的重要内容，涉及企业远景规划、经营目标和可持续发展等重大事项。随着科学技术的发展，为企业发展和满足市场需求而进行的设备投资不断增加，因此，设备投资是否合理，对企业的生存和发展有重要影响，同时也是对设备规划制定是否正确的最终评定。投资规划的制定，必须建立在充分的调查、论证的基础上，具有科学性及较强的说服力和可操作性。在实际工作中，企业的设备投资分析主要包括以下四项内容。

（一）投资原因分析

第一，对企业现有设备能力在实现生产经营目标、生产发展规划、技术改造规划及满足市场需求等情况进行分析。

第二，依靠技术进步，提高产品质量，增强市场竞争能力，针对企业现有设备技术状况而需要更新改造的原因分析。

第三，为节约能源和原材料、改善劳动条件、满足环境保护与安全生产方面的新需要等原因分析。

（二）技术选择分析

技术选择分析主要指通过国内外设备的技术信息和市场信息的搜集与分析，对装备技术规格与型号的选择。在设备购置的分析中，由设备技术主管部门会同相关部门，对新提出的设备的主要技术参数进行分析论证，并经过讨论通过，正式向有关方面报送。

（三）财务选择

在立项报告中，必须对拟选购设备的经济性进行全面论述，并提出投资的具体分项内容（如整台设备购置费、配件订购费、运输费和安装调试费等），在综合分析计算后，遵循成本低、投资效益好的基本原则进行判断。

（四）资金来源分析

经营性企业设备投资的资金来源，在我国现行经济体制下主要有以下渠道：①政府财政贷款。在市场经济条件下，凡对社会发展有特别意义的项目，可申请政府贷款。②银行贷款。凡属独立核算的企业投资项目，只要符合既定的审批程序和要求，银行将按规定准予办理贷款事项。③自筹资金。企业的经营利润留成、发行债券与股票、自收自支的业务收入和资产处理收入等资金，均可以用于设备投资。④利用外资。利用外资进行固定资产投资，是我国固定资产投资的一个重要资金来源。其主要包括国际贷款、吸收外商直接投资、融资租赁和发行证券、股票等方式筹资。

四、设备租赁、外购和自制的经济分析

（一）设备租赁的经济性分析

设备租赁是设备的使用单位（承租人）向设备所有单位（出租人，如租赁公司）租借，并付给一定的租金，在租借期内享有使用权，而不变更设备所有权的一种变换形式。

由于设备的大型化、精密化、电子化等原因，设备的价格越来越昂贵。为了节省设备的巨额投资，租赁设备是一个重要的途径。同时，由于科学技术的迅速发展，设备更新的速度普遍加快，为了避免承担技术落后的风险，

也可采用租赁的办法。

对于使用设备的单位来说，设备租赁具有如下优点：①减少设备投资，减少固定资金的占有，改变"大而全""小而全"的状况。对季节性强、临时性使用的设备（如农机设备、仪器、仪表等），采用租赁方式更为有利。②避免技术落后的风险。当前科学技术发展日新月异，设备更新换代很快，设备技术寿命缩短，使用单位自购设备而利用率又不高，设备技术落后的风险是很大的。租赁则可解决这个问题。如租赁电子计算机，出现新型电子计算机后，则可以将旧的型号调换为新的型号。这样各计算中心的装备就可及时更换，以保证设备的最新水平。③减少维修使用人员的配备和维修费用的支出。一般租赁合同规定：租赁设备的维修工作由租赁公司（厂家）负责，当然维修费用已包括在租金中。如电子计算机的全部维修费用较大，可由租赁公司（厂家）承担并转包给电子计算机生产厂家。这样，用户可保证得到良好的技术服务。④可缩短企业建设时间，争取早日投产。租赁方式可以争取时间，而时间价值带来的经济效益相当于积累资金的购买方式的几十倍。比如购买一架高级客机，每年积累的资金只相当于飞机价款的20%；如果采用租赁方式，每年用这20%的积累作为租金就可以租到一架同样的飞机，5年就能租到5架飞机。⑤租赁方式手续简单，到货迅速，有利于经济核算。单台设备租赁费可列入成套费用。由于租赁设备到货快，但支付租金却要慢得多，通常是使用6个月才支付第一次租金。因此，从经济核算角度看是有利的。⑥免受通货膨胀之害。由于国际性的通货膨胀而引起的产品设备价格不断上升，这几乎形成了规律。而采用租赁方式，由于租金规定在前、支付在后并且在整个租期内是固定不变的，因此用户不受通货膨胀的影响。

租赁对象主要是生产设备，另外也包括运输设备、建筑机械、采油和矿山的设备、电信设备、精密仪器、办公用设备甚至成套的工业设备和服务设施等。

我国租赁业从无到有，从小到大，在国民经济中的重要性不断增强。加入世界贸易组织后，我国对外开放租赁市场，加剧了租赁市场的竞争，同时也带来了先进的管理方式和管理理念，促进了我国租赁业的不断发展。但是，租赁方式也有弊端，主要是设备租赁的累计费用比购买时所花费用要高，特别是在使用设备效果不佳的情况下，支付租金可能成为沉重的负担。

设备租赁的方式主要有以下两种：一是运行租赁，即任何一方可以随时通知对方，在规定时间内取消或中止租约。临时使用的设备（如车辆、电子计算机和仪器等）通常采取这种方式。二是财务租赁，即双方承担确定时期的租借和付费的义务，而不得任意终止或取消租约。贵重的设备（如车皮、重型施工设备等）宜采用此种方式。

对租赁设备方案，其现金流量为：

现金流量=（销售收入—作业成本—租赁费）×（1—税率）

对购置设备方案，其现金流量为：

现金流量=（销售收入—作业成本—已发生的设备购置费）—（销售收入—作业成本—折旧）×税率

通过以上两式，可进行租赁或购置方案的经济性比较。

（二）设备外购和自制的经济性分析

企业为了开发新产品和改革旧产品，扩大生产规模，以及对生产薄弱环节的技术改造，都需要增添和更新设备，以扩大和加强生产的物质技术基础。增添和更新设备的途径一般有外购（或订货外包）和自行设计与制造。

一般来说，高精度的设备、结构复杂的设备、大型稀有的设备和通用万能的设备等以外购为宜，对于某些关键设备，必要时还需有重点地从国外引进。因为这类设备对产品的质量和产量起决定作用。外购设备的经济技术论证方法其内容同前。

凡属本企业生产作业线（流程工业）相配套的高效率设备，属非通用、非标准的产品，如对于一些单工序或多工序等专用工艺设备，尤其是用于大批量生产的设备，如生产标准件、工具、汽车、拖拉机、轴承、家用电器的设备，以及流水生产线上的设备和流程设备等，以本企业自行设计制造为宜。自行设计制造专用高效率或工艺先进的设备，是国内外不少企业提高生产水平的重要途径。

自制设备的经济技术论证方法，除要符合要求外，还应考虑"沉没费用"这个概念，对此可用下例说明。

某设备上需要一种配件，外购单价为700元，而自制成本为800元；但成本数据表明，此800元中有150元是管理费，如果该管理费将不因不自制而减少，属固定成本，则此150元就是一笔沉没费用，并与决策无关。因此，如果将650元（800元－150元）的增量成本与700元的外购成本相比较，可见自制还是比较合算的。

五、自制设备管理

（一）自制设备概述

对于一些专用和非标准设备，企业往往需要自行设计制造。自制设备具有针对性强、周期短、收效快等特点。它是企业为解决生产关键、按时保质完成任务、获得经济效益的有力措施，也是企业实现技术改造的重要途径。

自制设备的主要作用有：①更好地为企业生产经营服务，满足工艺上的特殊要求，以提高产品质量和降低成本。②培养与锻炼企业技术人员和操作人员的技术能力，以提高企业维修水平。③有效地解决设计制造与使用相脱节的问题，易于实现设备的一生管理。④有利于设备采用新工艺、新技术和新材料。

发达国家和地区设备维修改造工作已逐步走向专业化和社会化，很多大中型企业设备管理部门的工作重点已由维修转向设备自制与更新改造等方面。

（二）自制设备的原则

企业自行设计制造的设备必须从生产实际需要出发，立足于企业的具体条件，因地制宜，讲究适用。注意经济分析，追求设备全寿命周期中的设计制造费与使用维修费两者结构合理；同时，应遵循"生产上适用、技术上先进、经济上合理"三项基本原则。

（三）自制设备的实施管理

1.自制设备管理的主要内容

自制设备的工作是在企业设备规划决策基础上进行的。其管理工作包括编制设备设计任务书、设计方案审查、试制、鉴定、质量管理、资料归档、费用核算和验收移交等。

第一，设备的设计任务书是指导、监督设计制造过程和自制设备验收的主要依据。设计任务书明确规定各项技术指标、费用概算、验收标准及完成日期。

第二，设计方案包括全部技术文件：设计计算书、设计图纸、使用维修说明书、验收标准、易损件图纸和关键部件的工艺等。设计方案需组织有关部门进行可行性论证，从技术经济等方面进行综合评价。

第三，编制计划与费用预算表。

第四，制造质量检查。

第五，设备安装与试车。

第六，验收移交，并转入固定资产。

第七，技术资料归档。

第八，总结评价。

第九，使用信息反馈。为改进设计和修理改造提供资料与数据。

2.自制设备的管理程序与分工

第一步，使用或工艺部门根据生产发展提出自制设备申请。

第二步，设备部门、技术部门组织相关论证，重大项目由企业领导直接决策。

第三步，企业主管领导研究决策后批转主管部门（总工程师室、技改办或设备管理部门）立项，确定设计、制造部门。

第四步，主管部门组织使用单位、工艺部门研究编制设计任务书，下达工作安排。

第五步，设计部门提出设计方案及全部图纸资料。

第六步，设计方案审查一般实行分级管理：价格在5000元以下的，由设计单位报主管部门转计划和财务部门；价格在5000~10000元的，由设计单位提出，主管部门主持，设备、使用（含维修）、工艺、财务和制造等部门参加审查后报主管厂领导批准；价格在10000元以上的，由企业主管领导或总工程师组织各有关部门进行审查。

第七步，设计或制造单位负责编制工艺、工装检具等技术工作。

第八步，劳动部门核定工时定额，生产部门安排制造计划。

第九步，制造单位组织制造，设计部门应派设计人员现场服务，处理制造过程中的技术问题。

第十步，制造完成后由检查部门按设计任务书规定的项目进行检查鉴定。

3.自制设备的委托设计与制造管理

不具备能力的企业可以委托外单位设计制造。一般工作程序如下：①调查研究。选择设计制造能力强、信誉好、价格合理、对用户负责的承制单位。大型设备可采用招标的方法。②提供该设备所要加工的产品图纸或实物，提出工艺、技术、精度、效率及对产品保密等方面的要求，商定设计制造价格。③签订设计制造合同。合同中应明确规定设计制造标准、质量要求、完工日期、制造价格及违约责任，并应经本单位审计法律部门（人员）审定。④设计工作完成后，组织本单位设备管理、技术、维修、使用人员对设计方案图纸资料进行审查，提出修改意见。⑤制造过程中，可派人员到承制单位进行监制，及时发现和处理制造过程中的问题，保证设备制造质量。⑥造价高的大型或成套设备应实行监理制。

4.自制设备的验收

自制设备设计、制造的重要环节是质量鉴定和验收工作。企业有关部门参加的自制设备鉴定验收会议，应根据设计任务书和图纸要求所规定的验收标准，对自制设备进行全面的技术、经济鉴定和评价。验收合格，由质量检查部门发给合格证，准许使用部门进行安装试用。经半年的生产验证，能稳定达到产品工艺要求，设计、制造部门将修改后的完整的技术资料（包括装配图、零件图、基础图、传动图、电气系统图、润滑系统图、检查标准、说明书、易损件及附件清单、设计数据和文件、质量检验证书、制造过程中的技术文件、图纸修改等文件凭证、工艺试验资料以及制造费用结算成本等）移交给设备部门。经设备部门核查，资料与实物相符，并符合固定资产标准者，方可转入企业固定资产进行管理；否则，不能转入固定资产。

六、设备选型

（一）设备选型的基本原则

所谓设备选型，即从多种可以满足相同需要的不同型号、规格的设备中，经过技术经济的分析评价，选择最佳方案，以作为购买决策。合理选择设备，可使有限的资金发挥最大的经济效益。

设备选型应遵循的原则如下：①生产上适用。所选购的设备应与本企业扩大生产规模或开发新产品等需求相适应。②技术上先进。在满足生产需要的前提下，需要其性能指标保持先进水平，以利于提高产品质量和延长其技术寿命。③经济上合理。要求设备价格合理，在使用过程中能耗、维护费用低，并且回收期较短。

综上所述，对于设备选型，首先应考虑的是生产上适用，只有生产上适用的设备才能发挥其投资作用；其次是技术上先进，技术上先进必须以生产适用为前提，以获得最大经济效益为目的；最后，将生产上适用、技术上先进与经济上合理统一起来。一般情况下，技术先进与经济合理是统一的。因为技术上先进的设备不仅具有高的生产效率，而且生产的产品也是高质量的；但是，有时两者也是矛盾的。例如某台设备效率较高，但可能能源消耗量很大，或者设备的零部件磨损很快，因此，根据总的经济效益来衡量就不一定适宜。有些设备技术上很先进，自动化程度很高，适合于大批量连续生产，但在生产批量不大的情况下使用，往往负荷不足，不能充分发挥设备的能力，而且这类设备通常价格很高，维护费用大，从总的经济效益来看是不合算的，因而也是不可取的。

（二）设备选型考虑的主要因素

1.设备的主要参数选择

（1）生产率

设备的生产率一般用设备单位时间（分、时、班、年）的产品产量来表示。例如：锅炉，以每小时蒸发蒸汽的量来表示；空压机，以每小时输出压缩空气的体积来表示；制冷设备，以每小时的制冷量来表示；发动机，以功率来表示；流水线，以生产节拍（先后两产品之间的生产间隔期）来表示；水泵，以扬程和流量来表示。但有些设备无法直接估计产量，则可用主要参数来衡量，如车床的中心高、主轴转速、压力机的最大压力等。设备生产率要与企业的经营方针、工厂的规划、生产计划、运输能力、技术力量、劳动力和原材料供应等相适应，不能盲目要求生产率越高越好，否则生产不平衡，服务供应工作跟不上，不仅不能发挥全部效果，反而造成损失。因为生产率高的设备，一般自动化程度高、投资多、能耗大、维护复杂，如不能达到设计产量，单位产品的平均成本就会增加。

（2）工艺性

机器设备最基本的一条是要符合产品工艺的技术要求，将设备满足生产工艺要求的能力称为工艺性。例如：金属切削机床应能保证所加工零件的尺寸精度、几何形状精度和表面质量的要求，需要坐标镗床的场合很难用铣床代替，加热设备要满足产品工艺的最高和最低温度要求、温度均匀性和温度控制精度等；除上面基本要求外，设备操作控制的要求也很重要，一般要求设备操作控制轻便，控制灵活。产量大的设备自动化程度应高，有害有毒作业的设备，则要求能自动控制或远距离监督控制等。

2.设备的可靠性和维修性

（1）设备的可靠性

可靠性是保持和提高设备生产率的前提条件。人们投资购置设备都希望能无故障地工作，以期达到预期的目的，这就是设备可靠性的概念。可靠性在很大程度上取决于设备的设计与制造。因此，在进行设备选型时，必须考虑设备的设计制造质量。

选择设备可靠性时，要求使其主要零部件平均故障间隔期越长越好，具体的可以从设备设计选择的安全系数、冗余性设计、环境设计、元器件稳定性设计、安全性设计和人机因素等方面进行分析。随着产品的不断更新，对设备的可靠性要求也不断提高，设备的设计制造商应提供产品设计的可靠性指标，方便用户选择设备。

（2）设备的维修性

人们希望投资购置的设备一旦发生故障就能方便地进行维修，即设备的维修性要好。选择设备时，对设备的维修性可从以下七个方面来进行衡量。

第一，设备的技术图纸、资料齐全。便于维修人员了解设备结构，易于拆装、检查。

第二，结构设计合理。设备结构的总体布局应符合可达性原则，各零部件和结构应易于接近，便于检查和维修。

第三，结构的简单性。在符合使用要求的前提下，设备的结构应力求简单，需维修的零部件数量越少越好，拆卸较容易，并能迅速更换易损件。

第四，标准化、组合化原则。设备尽可能采用标准零部件和元器件，容易被拆成几个独立的部件、装置和组件，并且不需要特殊手段即可装配成整机。

第五，结构先进。设备尽量采用参数自动调整、磨损自动补偿和预防措施自动化原理来设计。

第六，状态监测与故障诊断能力。可以利用设备上的仪器、仪表、传感器和配套仪器来检测设备有关部位的温度、压力、电压、电流、振动频率、消耗功率、效率、自动检测成品及设备输出参数动态等，以判断设备的技术状态和故障部位。目前，高效、精密、复杂设备中具有诊断能力的越来越多，故障诊断能力成为设备设计的重要内容之一，检测和诊断软件也成为设备必不可少的一部分。

第七，提供特殊工具和仪器、适量的备件或更方便的供应渠道。

此外，要有良好的售后服务质量，维修技术要求尽量符合设备所在区域情况。

3.设备的安全性和操作性

（1）设备的安全性

安全性是设备对生产安全的保障性能及设备应具有必要的安全防护设计与装置，以避免带来人、机事故和经济损失。

在设备选型中，若遇有新投入使用的安全防护性零部件，必须要求其提供试验和使用情况报告等材料。

（2）设备的操作性

设备的操作性属人机工程学范畴内容，总的要求是方便、可靠、安全，符合人机工程学原理。通常要考虑的主要事项如下：①操作机构及其所设位置应符合劳动保护法规要求，符合一般体型的操作者的要求。②充分考虑操作者生理限度，不能使其在法定的操作时间内承受超过体能限度的操作力、活动节奏、动作速度、耐久力等。例如操作手柄和操作轮的位置及操作力必须合理，脚踏板控制部位和节拍及其操作力必须符合劳动法规规定。③设备及其操作室的设计必须符合有利于减轻劳动者精神疲劳的要求。例如设备及其控制室内的噪声必须小于规定值，设备控制信号、油漆色调、危险警示等都必须尽可能地符合绝大多数操作者的生理和心理要求。

4.设备的环保与节能

工业、交通运输业和建筑业等行业企业设备的环保性，通常是指其噪声振动和有害物质排放等对周围环境的影响程度。在设备选型时，必须要求其噪声、振动频率和有害物质排放等控制在国家和地区的规定范围内。

设备的能源消耗是指其一次能源或二次能源消耗。通常是以设备单位开动时间的能源消耗量来表示，在化工、冶金和交通运输行业，也以单位产量的能量消耗量来评价设备的能耗情况。在选型时，无论哪种类型的企业，其所选购的设备必须符合《中华人民共和国节约能源法》规定的各项标准要求。

5.设备的经济性

设备选择的经济性，其定义范围很宽，各企业可视自身的特点和需要从中选择影响设备经济性的主要因素进行分析论证。设备选型时，要考虑的经济性影响因素主要包括：初期投资；对产品的适应性；生产效率；耐久性；能源与原材料消耗；维护修理费用。

设备的初期投资主要是指购置费、运输和保险费、安装费、辅助设施费、培训费、关税费等。在选购设备时，不能简单寻求价格便宜而降低其他影响因素的评价标准，尤其要充分考虑停机损失、维修、备件和能源消耗等各项费用，以及各项管理费。总之，以设备寿命周期费用为依据衡量设备的经济性，在寿命周期费用合理的基础上追求设备投资的经济效益最高。

（三）设备选型

设备选型必须在注意调查研究和广泛搜集信息资料的基础上，经多方分析、比较、论证后，进行选型决策。其工作的主要程序如下。

1.搜集市场信息

通过广告、样本资料、产品目录、技术交流等各种渠道，广泛搜集所需设备和设备的关键配套件的技术性能资料、销售价格和售后服务情况，以及产品销售者的信誉、商业道德等全面信息资料。

2.筛选信息资料

将所搜集到的资料按自身的选择要求进行排队对比，从中选择出2~3个产品作为候选厂家。对这些厂家进行咨询、联系和调查访问，详细了解设备的技术性能（效率、精度）、可靠性、安全性、维修性、技术寿命，以及其能耗、环保、灵活性等各方面情况，厂家的信誉和服务质量，各用户对产品的反映和评价，货源及供货时间，订货渠道、价格，以及随机附件等情况。通过分析比较，从中选择几个合适的机型和厂家。

3.选型决策

对上一步选出的几个机型进一步到制造厂进行深入调查，就产品质量、性能、运输安装条件、服务承诺、价格和配套件供应等情况，分别向各厂仔细地询问，并作详细记录，最后在认真比较分析的基础上，选定最终认可的订购厂家。

七、设备的招投标

确定了设备的选型方案后，就要协助采购部门进行设备的采购。设备的采购是一个影响设备寿命周期费用的关键控制点，它不仅可以为企业节约采购资金，而且能获得良好的投资效益，还能创造重要的物资技术条件。对于国家规定必须招标的进口机电设备，企业必须招标采购。

（一）设备的招标

设备的招标就是企业（招标人）在筹借设备时通过一定的方式，事先公布采购条件和要求，吸引众多能够提供该项设备的制造厂商（投标人）参与竞争，并按规定程序选择交易对象的一种市场交易行为。

投标是指投标人接到招标通知后，根据招标通知的要求，在完全了解招标货物的技术规范和要求以及商务条件后，编写投标文件（也称"标书"），并将其送交给招标人的行为。可见，招标与投标是一个过程的两个方面，分别代表了采购方和供应方的交易行为。

设备的招标投标与其他货物、工程、服务项目的各类招标投标一样，要求公开性、公平性、公正性，使投标人有均等的投标机会，使招标人有充分的选择机会。

设备的招标采购形式大体有三种，即竞争性招标、有限竞争性招标和谈判性招标。

竞争性招标是一种无限竞争性招标。竞争性招标根据范围的不同可分为国际竞争性招标（ICB）和国内竞争性招标（LCB）。竞争性招标活动是在公共监督之下进行的，先由招标单位在国内外主要报纸及有关刊物上刊登招标广告，凡是对该项招标项目有兴趣的、合格的投标者都有同等的机会了解招标并参加投标，以形成广泛的竞争局面。

有限竞争性招标实质上是一种不公开刊登广告，而通过直接邀请投标商投标的竞争招标方式。设备采购单位根据事先的调查，对国内外有资格的承包商或制造商直接发出投标邀请。这种形式一般用于设备采购资金不大，或由于招标项目特殊、可能承担的承包商或制造商不多的情况。

谈判性招标（又称"议标"），它通过几个供应商（通常至少3家）的报价进行比较，以确保价格有竞争性的一种采购方式。这种采购方式适合于采购小金额的或标准规格的设备。

招标的执行机构一般分两类：一类是招标代理机构，另一类是自主招标（即采购人自己）。招标代理机构是指依法设立从事招标代理业务并提供服务的社会中介组织。招标人有权自行选择招标代理机构，委托其办理招标事宜。而自主招标是指招标人自行办理招标，但必须具备两个条件：一是有编制招标文件的能力；二是有组织评标的能力。这两项条件不具备时，必须委托代理机构办理。

招标代理机构应具备下列条件：①有从事招标代理业务的营业场所和相应的资金；②有能够编制招标文件和组织评标的相应专业力量；③有符合评标要求的评标委员专家库。

招标代理机构应当在招标人委托的范围内办理招标事宜，并遵守招标投标法关于招标人的规定。

（二）设备的招标采购程序

设备招标采购的流程是一项系统性较强、涉及面较广的工作。总体上说，它包括招标准备阶段、发布招标通告、投标开标、评标与中标，以及签订合同与履约。

1.招标准备阶段

招标准备阶段包括编制设备采购计划、编制招标文件等环节。首先，根据"生产上适用、技术上先进、经济上合理"的基本原则编制设备采购计划，确定所需采购设备清单。其次，编制招标文件，这是整个招标过程中的关键环节。作为评定中标人唯一依据的招标文件，应保证招标人开展招标活动目的的实现，应有利于更多的投标人前来投标，以供招标人选择。

招标文件内容大致分为三类：一类是关于编写和提交投标文件的规定，其目的是尽量减少符合资格的供应商由于不明确如何编写投标文件而处于不利地位或其投标遭到拒绝的可能性；一类是关于招标文件的评审标准和方法，这是为了提高招标过程的透明度和公平性；一类是关于合同的主要条款，其中主要是商务性条款，有利于投标人了解中标后签订合同的主要内容，明确双方各自的权利和义务。其中，技术要求、投标报价要求和主要合同条款等内容是招标文件的实质性要求。其主要内容通常包括以下五个方面。

第一，投标须知。投标须知是招标人对投标人如何投标的指导性文件。其主要包括：招标项目概况，如项目的性质、设备名称、设备数量、附件及运输条件等；交货期、交货地点；提供投标文件的方式、地点和截止时间；开标地点、时间及评标的日程安排；投标人应当提供的有关资格和资信证明文件。

第二，技术规范。技术规范或技术要求是招标文件中最重要的内容之一，是指招标设备在技术、质量方面的标准，如一定的大小、轻重、体积、精密度、性能等。招标文件规定的技术规范应采用国际或国内公认、法定标准。

第三，招标价格的要求及其计算方式。招标文件中应事先提出报价的具体要求及计算方法。例如在货物招标时，国外的货物一般应报到岸价（CIF）或运费保险付至目的地的价格（CIP），国内的现货或制造或组装的货物，包括以前进口的货物报出厂价（出厂价货架交货价）。如果要求招标人承担内陆运输、安装、调试或其他类似服务，比如供货与安装合同，还应要求投标人对这些服务另外提出报价。

第四，投标保证金的数额或其他形式的担保。招标文件中可以要求有投标保证金或其他形式的担保（如抵押、保证等），以防止投标人违约。投标保证金可采用现金、支票、信用证、银行汇票，也可使用银行保函等。现实操作中投标保证金的金额一般不超过投标总价的2%。

第五，主要合同条款。合同条款应明确将要完成的供货范围、招标人与中标人各自的权利和义务。除一般合同条款外，合同还应包括招标项目的特殊合同条款。

2.发布招标通告

在报纸、电视等媒体上发布招标通告，同时，可直接向外地商家发招标邀请函。招标通告的主要内容包括：招标项目性质、设备名称、数量与主要技术参数，招标文件售价，获取招标文件的时间、地点、投标截止时间和开标时间，以及招标机构的名称、地点与联络方法等。一般自发售招标文件之日起至投标截止时间不少于20个工作日，大型设备或成套设备不少于50个工作日。

3. 招标开标

开标就是招标人按招标通告或投标邀请函规定的时间、地点将投标人的投标书当众拆开，宣布投标人名称、投标报价、交货期、交货方式活动等的总称。开标应当在招标文件确定的提交投标文件截止时间的同一时间公开进行，开标地点应当为招标文件中预先确定的地点。

开标时，必须保证做到开标的公开、公平和公正。在投标人和监督机构代表出席的情况下，当众验明投标文件密封情况，并启封投标人提交的标书；随后宣读所有投标文件的有关内容。同时，做好开标记录，记录内容包括投标人姓名、制造商、报价方式、投标价、投标声明、投标保证金、交货期等。为了保证开标的公正性，一般可邀请相关单位的代表参加，如招标项目主管部门的人员、评价委员会成员、监察部门代表等。

4. 评标与中标

评标工作由招标人员依法组建的评价委员会负责。评价委员会由招标人的代表和有关技术、经济等方面的专家组成，成员为5人以上单数，其中技术、经济等方面的专家不得少于成员总数的2/3。

评标程序一般可分为初评和详评两个阶段。初评的内容包括：投标人资格是否符合要求，投标文件是否完整，投标人是否按照规定的方式提交投标保证金，投标文件是否基本上符合招标文件的要求等。只有在初评中确定为基本合格的投标书，才可以进入详评阶段。

（1）评价标准

评价标准一般包括价格标准和价格标准以外的其他有关标准（又称"非价格标准"）。非价格标准应尽可能客观和定量化，并按货币额表示，或规定相对的权重。通常来说，在设备评价时，非价格标准主要有运费和保险费、付费计划、交货期、运营成本、设备的有效性和配套性、零配件和服务的供给能力、相关的培训、安全性和环境效益等。

（2）评价方法

评价方法可分为五种，即最低评价法、综合因素法、寿命周期成本法、寿命周期收益法和投票表决法。

最低评标价法，是指按照经评定的最低报价作为唯一依据的评标方法。最低评标价不是指最低报价，它是由成本加利润组成，成本部分不仅是设备、材料、产品本身的价格，还应包括运输、安装、售后服务等环节的费用。

综合因素法，是指价格加其他因素的一种评标方法。在招标文件中，如果价格不是唯一的评标因素，应将其他的因素都列出来，并说明各因素在评标中所占的比例，其实质是打分法，总分最高的投标为最优标。

寿命周期成本法，是指通过计算采购项目有效使用期间的基本成本来确定最优标准的一种方法。具体方法是在招标书报价上加上一定年限内运行的各种费用，再减去运行一定年限后的残值，寿命周期成本最低的投标为最优标。

寿命周期收益法，是对寿命周期成本法的补充，即除了考虑项目的全面寿命周期成本之外，还应估算在正常运行情况下设备的全寿命周期效益，用全寿命周期效益减去全寿命周期成本，得到全寿命周期收益，全寿命周期收益最高的投标为最优标。

投票表决法，是指在评标时，如出现两家以上的供应商的投标都符合要求但又难以确定最优标时所采取的一种评标方法，获得多数票的投标为最优标。

应该指出的是：对于复杂设备系统，如大型流程设备、生产线，如果能够灵活或者组合运用以上评价方法，将技术、价格、寿命周期收益、服务、信誉等各种因素进行加权综合，将得到更佳的评标效果。

（3）编审评标书面报告、推荐中标候选人

评标报告是评标委员会评标结束后根据评议情况提交给招标人的一份重要文件。在评标报告中，评标委员会不仅要推荐中标候选人，而且要说明推荐的具体理由。评标报告作为招标人定标的重要依据，一般应包括以下内容：①对投标人的技术方案评价，技术、经济风险分析；②对投标人的技术力量、设施条件评价；③对满足评价标准的投标人的投标进行排序；④需进一步协商的问题及协商应达到的要求。

评标报告需经评标委员会每个成员签名后交招标机构。招标人根据评标委员会的评标报告，在推荐的中标候选人（一般为1～3人）中最后确定中标人；在某些情况下，招标人也可直接授权评标委员会直接确定中标人。

5.签订合同与履约

合同签订的过程是采购单位（招标人）与供应商（中标人）双方相互协调并就各方的权利、义务达成一致的过程。依据规定，招标人与中标人应当自中标通知书发出之日起30日内签订合同。合同协议书由招投标双方的法定代表人或授权委托的全权代表签署后，合同即开始生效。

合同双方按照合同约定全面履行各自的义务，包括按照合同规定的标的、数量、质量、价款或者报酬，以及履行的方式、地点、期限等。中标厂商按合同供货及提供各项售后服务。使用单位验收货物，签发货物验收单。只要全面履行合同规定的义务，即可认定采购项目的合同已完全履约。

八、设备的验收、安装调试与使用初期管理

（一）设备的到货验收

设备到货后，需凭托收合同及装箱单进行开箱检查，验收合格后办理相应的入库手续。

1.设备到货期验收

订货设备应按期到达指定的地点，不允许任意变更，尤其是从国外订购的设备，影响设备到货期执行的因素较多，双方必须按合同事项要求履行验收。不允许提前太多的时间到货，否则设备购买者将增加占地费和保管费，以及可能造成的设备损坏。不准延期到货，否则将会影响整个工程的建设、投产、运行计划，若是用外汇订购的进口设备，则业主还要承担货币汇率变化等风险。造成设备到货期拖延，通常制造商占主要原因。但大型成套设备，尤其是从国外引进设备的拖延交货期，往往与政治、自然条件和国际关系等因素相联系，必须按"国际咨询工程师联合会（FIDIC）"合同条款内容逐项澄清并作出裁决。[①]

业主主持到货期验收，如与制造商发生争端，或在解决实际问题中有分歧或异议时，应遵循以下步骤予以妥善处理：①双方应通过友好协商予以解决；②可邀请双方认可的有关专家协助解决；③申请仲裁解决。

①王振成.设备管理故障诊断与维修[M].重庆：重庆大学出版社，2020.

在实际操作中，如果制造商要拖延合同交货期，则应提前向业主提出书面申请。而业主一旦收到延期通知，则双方应在合理可行的最短时间就延长期限达成新的协定。其中，制造商应尽力缩短合同所规定的设备到货拖延期。

2.设备完整性验收

设备到货时，还需对设备完整性进行验收。

（1）初检

订购设备到达口岸（机场、港口、车站）后，业主派员介入所在口岸的到货管理工作，核对到货数量、名称等是否与合同相符，有无因装运和接卸等原因导致的残损及残损情况的现场记录，办理装卸运输部门签证等业务事项。另外，在接到收货通知单证后，应立即准备办理报关手续。报关人除要按规定填写报关单据外，还要准备好以下单证：提货单据；发票及其副本；包装清单；订货合同；产品产地购运证明；海关认为有必要的其他文件。

（2）做好到货现场交接（提货）与设备接卸后的保管工作

无论是国内还是国外FIDIC订购设备合同都明确规定：设备运到使用单位或业主所在国家口岸后的保管工作一般均由业主负责。对国外大型、成套的设备，业主单位应组织专门力量做好这一工作，确保设备到达口岸后的完整性。

（3）组织开箱检验

除国外订货外，凡属引进设备或从国外引进的部分配套件（总成、部件），在开箱前必须向商检部门递交检验申请并征得同意后方可进行，或海关派员参与到货的开箱检查。检查的内容如下：到货时的外包装有无损伤。若属裸露设备（构件），则要检查其剐蹭、磕碰等伤痕及油迹、海水侵蚀等损伤情况。开箱前逐件检查货运到港件数、名称，是否与合同相符，并做好清点记录。设备技术资料（图纸、使用与保养说明书和备件目录等）、随机配件、专用工具、监测和诊断仪器、特殊切削液、润滑油料和通信器材等，是否与合同内容相符。开箱检查、核对实物与订货清单（装箱单）是否符合，有无因装卸或运输保管等方面的原因而导致设备残损。若发现有残损现象，则应保持原状，进行拍照或录像，请与在检验现场的海关等有关人员共同查看，并办理索赔现场签证事项。

（4）办理索赔

索赔是业主按照合同条款中的有关索赔、仲裁条件，向制造商和参与该合同执行的保险、运输单位索取所购设备受损后赔偿的过程。无论国内订购还是国外订购，其索赔工作均要通过商检部门受理经办才有效，同时索赔也要分清下述情况：设备自身残缺，由制造商或经营商负责赔偿；属运输过程造成的残损，由承运者负责赔偿；属保险部门负责范畴，由保险公司负责赔偿；因交货期拖延而造成的直接与间接损失，由导致拖延交货期的主要责任人负责赔偿。

按照我国现行的检验条例规定，进口设备的残损鉴定，应在国外运输单据指明的到货港、站进行；但对机械、仪器、成套设备以及在到货口岸开箱后因无法恢复其包装而会影响国内安全转运者，方可在设备（机械、仪器）使用地点结合安装同时开箱检验；凡集装箱运输的货物（仪器、设备），则应在拆箱地点进行检验。不过，凡合同中规定需要由国外售方共同检验或到货后发生问题需经外方派员会同检验的，一定要在合同规定的地点检验。因此，报检地点必须是验收所在地。

另外，一般合同的商务条款中所指"索赔有效期"即买卖双方共同认定的商品复验期（即合同规定双方在设备到货后有复验权），复验期的具体时间视设备规模、类别的不同而异，由买卖双方商定，一般为6～12个月，报检人若超过上述期限进行报检，则检验部门可拒绝受理，从而丧失索赔权。

（二）设备安装调试的主要内容

1.设备开箱检查

设备开箱检查由设备采购部门、设备主管部门、组织安装部门、工具工装及使用部门参加。如系进口设备，应有商检部门参加。开箱检查主要内容如下：检查箱号、箱数及外包装情况。发现问题，做好记录，及时处理。按照装箱单清点核对设备型号、规格、零件、部件、工具、附件、备件以及说明书等技术条件。检查设备在运输保管过程中有无锈蚀，如有锈蚀应及时处理。凡属未清洗过的滑动面严禁移动，以防磨损。不需要安装的附件、工具、备件等应妥善装箱保管，待设备安装完工后一并移交使用单位。核对设备基础图和电气线路图与设备实际情况是否相符，检查地脚螺栓孔等有关尺寸及地脚螺栓、垫铁是否符合要求；核对电源接线口的位置及有关参数是否与说明书相符。检查后做出详细检查记录，填写设备开箱检查验收单。

2.设备的安装

（1）设备的安装定位

设备安装定位的基本原则是要满足生产工艺的需要及维护、检修、技术安全、工序交接等方面的要求。设备在车间的安装位置、排列、标高及立体、平面间相互距离等应符合设备平面布置图及安装施工图的规定。

设备的定位具体要考虑以下因素：①适应产品工艺流程及加工条件的需要（包括环境温度、粉尘、噪声、光线、振动等）。②保证最短的生产流程，方便工件的存放、运输和切屑的清理，以及车间平面的最大利用率，并方便生产管理。③设备的主体与附属装置的外形尺寸及运动部位的极限位置。④要满足设备安装、工件装夹、维修和安全操作的需要。⑤厂房的跨度、起重设备的高度、门的宽度和高度等。⑥动力供应情况和劳动保护的要求。⑦地基土壤地质情况。⑧平面布置应排列整齐、美观，符合设计资料的有关规定。

（2）设备的安装找平

设备安装找平的目的是保持其稳定性，减轻震动（精密设备应有防震、隔震措施），避免设备变形，防止不合理磨损及保证加工精度。

第一，选定找平基准面的位置。一般以支撑滑动部件的导向面（如机床导轨）或部件装配面、工卡具支撑面和工作台面等为找平基准面。

第二，设备的安装水平。导轨的不直度和不平行度需按说明书的规定进行。

第三，安装垫铁的选用应符合说明书和有关设计与设备技术文件对垫铁的规定。垫铁的作用在于使设备安装在基础上，有较稳定的支承和较均匀的荷重分布，并借助垫铁调整设备的安装水平与装配精度。

第四，地脚螺栓、螺帽和垫圈的规格应符合说明书与设计的要求。

3.设备的试运转与验收

（1）试运行前的准备工作

设备运行前应做好以下各项工作：①再次擦洗设备，油箱及各润滑部位加够润滑油。②手动盘车，各运动部件应轻松灵活。③试运转电气部分。为了确定电机旋转方向是否正确，可先摘下皮带或松开联轴节，使电机空转，经确认无误后再与主机连接。电机皮带应均匀受力，松紧适当。④检查安全装置，保证正确可靠，制动和锁紧机构应调整适当。⑤各操作手柄转动灵活，定位准确并将手柄置于"停止"位置上。⑥试车中需高速运行的部件（如磨床的砂轮）应无裂纹和碰损等缺陷。⑦清理设备部件运动路线上的障碍物。

（2）空运转试验

空运转试验是为了考察设备安装精度的保持性、稳固性，以及传动、操纵、控制、润滑和液压等系统是否正常和灵敏可靠。空运转应分步进行，由部件至组件，由组件至整机，由单机至全部自动线。启动时先"点动"数次，观察无误后再正式启动运转，并由低速逐级增加至高速。

其试验检查内容如下：①各种速度的变速运行情况，由低速至高速逐级进行检查，每级速度运转时间不短于2min。②各部位轴承温度。在正常润滑情况下，轴承温度不得超过设计规范或说明书规定。一般主轴滑动轴承及其他部位温度不高于60℃（温升不高于40℃），主轴滚动轴承温度不高于70℃（温升不高于30℃）。③设备各变速箱在运行时的噪声不超过85dB，精密设备不超过70dB，不应有冲击声。④检查进给系统的平稳性、可靠性，检查机械、液压、电气系统工作情况及在部件低速运行或进给时的均匀性，不允许出现爬行现象。⑤各种自动装置、联锁装置、分度机构及联动装置的动作是否协调、正确。⑥各种保险、换向、限位和自动停车等安全防护装置是否灵敏、可靠。⑦整机连续空运转的时间应符合相关规定，其运转过程中不应发生故障和停机现象，自动循环的休止时间不超过1min。

（3）设备的负荷试验

设备的负荷试验主要是为了试验设备在一定负荷下的工作能力。负荷试验可按设备设计公称功率的25%、50%、75%、100%的顺序分别进行。在负荷试验中要按规范检查轴承的温升，液压系统的泄漏、传动、操纵、控制、自动和安全装置工程是否正常，运转声音是否正常。

（4）设备的精度试验

在负荷试验后，按随机技术文件或精度标准进行加工精度试验，应达到出厂精度或合同规定要求。金属切削机床在精度试验中应按规定选择合适的刀具及加工材料，合理装夹试件，选择合适的进给量、吃刀深度和转速。在设备运行试验中，要做好以下各项记录，并对整个设备的试运转情况加以评定，做出准确的技术结论。其技术结论包括：①设备几何精度、加工精度检验记录及其他机能试验的记录。②设备试运转的情况，包括试车中对故障的排除。③对无法调整及排除的问题，按性质归纳分类：属于设备原设计问题，属于设备制造质量问题，属于设备安装质量问题，属于调整中的技术问题，等等。

（三）设备安装工程的管理

1.管理范围

经验收合格入库的外购设备安装；经鉴定验收合格的自制设备安装；经大修理或技术改造后的设备安装；企业计划变动、生产对象或工艺布置调整等原因引起的设备处置。

2.安装工程计划的编制及实施程序

（1）编制安装计划的依据

包括：①企业设备计划，包括外购设备计划、自制设备计划、技措计划的设备部分、更新改造设备计划及工厂工艺布置调整方案等。②安装人员数量、技术等级和实际技术水平。③安装材料消耗定额、储备及订货情况。④安装费用标准，安装工时定额。

（2）安装计划的编制

包括：①根据设备规划、外购设备订货合同的交货期、自行设计制造与改造以及大修理设备计划进度等，于每年11月编制下年度上半年的设备安装计划，每年5月编制下半年的设备安装计划。②根据安装计划估算工时、人员需要量及安装材料需要量，做出费用预算。③根据安装计划，与使用部门及其他有关部门协调工程进度。④根据安装计划，提出外包工程项目、技术要求及费用核算（或审核承包单位提出的预算）。⑤根据设备库存和实际到货情况等按季、月编制安装工程进度表，人员、器具、材料及费用预算，以及施工图纸和技术要求。在预计开工日期之前一个月，下达给施工和使用部门做施工准备。

（3）安装计划的实施

主管部门提出安装工程计划、安装作业进度及工作令号，经企业主管领导批准后由生产部门作为正式计划下达各有关部门执行。

3.设备安装工程的验收

设备安装验收工作一般由购置设备的部门或主管领导负责组织，设备、基础施工安装、检查、使用、财务部门等有关人员参加，根据所安装设备的类别按照有关规定进行验收。

工程验收时，应具备下列资料：竣工图或按实际完成情况注明修改部分的施工图；设计修改的有关文件和签证；主要材料和用于重要部位材料的出厂合格证和检验记录或试验资料；隐蔽工程和管线施工记录；重要浇灌所用混凝土的配合比和强度试验记录；重要焊接工艺的焊接试验和检验记录；设备开箱检查及交接记录；安装水平、预调精度和几何精度检验记录；试运转记录。

验收人员要对整个设备安装工程做出鉴定，合格后在各记录单上进行会签，并填写设备安装工程验收移交单，办理移交生产手续及设备转入固定资产手续。

（四）设备的使用初期管理

设备使用初期管理是指设备正式投产运行后到稳定生产这一初期使用阶段（一般为6个月）的管理，也就是对这一观察期内的设备调整试车、使用、维护、状态监测、故障诊断、操作人员的培训、维修技术信息的收集与处理等全部工作的管理。加强设备使用初期管理的目的是掌握设备运转初期的生产效率、精度、加工质量、性能以及故障的跟踪排除，总结和提高初期运转的质量，从而使设备尽早达到正常稳定的良好状态；同时，将设备前期设计、制造、安装中所带来的问题作为信息反馈，以便采取改善措施，为今后设备的设计、选型或自制提供可靠依据。

设备使用初期管理包括下列十项主要内容：设备初期使用中的调整试车，使其达到原设计预期的功能；操作人员使用维护的技术培训工作；对设备使用初期的运转状态变化观察、记录和分析处理；稳定生产、提高设备生产效率方面的改进措施；开展使用初期的信息管理，制订信息收集程序，做好初期故障的原始记录，填写设备初期使用鉴定书及调试记录等；使用部门要提供各项原始记录，包括实际开停机时间、适用范围、使用条件、零部件损伤和失效记录、早期故障记录及其他原始记录；对典型故障和零部件失效情况进行研究，提出改善措施和对策；对设备原设计或制造商的缺陷提出合理化改进建议，采取改善性维修的措施；对使用初期的费用与效果进行技术经济分析，并作出评价；对使用初期所收集的信息进行分析处理。

第二节 设备的状态监测

设备的状态监测是利用人的感官、简单工具或仪器，对设备工作中的温度、压力、转速、振幅、声音、工作性能的变化进行观察和测定。

随着设备的运转速度、复杂程度、连续自动化程度的提高，依靠人的感觉器官和经验进行监测愈发困难。20世纪70年代后期，开始应用电子、红外、数字显示等技术和先进工具仪器监测设备状态，用数字处理各种信号、给出定量信息，为分析、研究、识别和判定设备故障的诊断工作打下基础。

一、设备状态监测的种类

设备状态监测分为主观监测和客观监测两种，在这两种方法中均包括停机监测和不停机监测（又称在线监测）。

（一）主观状态监测

主观状态监测是以经验为主，通过人的感觉器官直接观察设备现象，是凭经验主观判断设备状态的一种监测方法。

生产第一线的维修人员，特别是操作人员对设备的性能、特点最为熟悉，对设备故障征兆和现象，他们通过自己的感官可以看到、听到、闻到和摸到。管理人员应及时到生产现场了解、询问设备异常症状，并亲自去观察、分析和判断，即根据设备异常症状，从设备的先天素质、工艺过程、产品质量、磨损老化情况、维修状况及水平、操作者技术水平及环境因素等诸多方面综合分析，做出正确判断，防止突发故障和事故的发生。

主观监测的经验是在长期的生产活动中积累起来的，在各行各业中人们对不同特点和不同功能的设备、装置都掌握了许多既可靠又简而易行的人工监测的好经验、好方法。

目前，在工业发达国家中，主观监测仍占有很大的比重，占70%左右。在我国有大量的主观监测经验和信息掌握在广大操作、维修和管理人员手中，积极地收集和组织整理这些经验和方法并编成资料，这将是极其有意义的工作。实践证明，有价值的经验是不可忽视的物质财富，不仅对进一步更有效地、更经济地开展主观监测活动有利，而且可以用来培训操作和维修人员提高技术业务能力。

（二）客观状态监测

客观状态监测是利用各种简单工具、复杂仪器对设备的状态进行监测的一种监测方法。

由于设备现代化程度的提高，依靠人的感觉器官凭经验来监测设备状态愈发困难，近年来出现了许多专业性较强的监测仪器，如电子听诊器、振动脉冲测量仪、红外热像仪、铁谱分析仪、频闪仪、轴承检测仪等。由于高级监测仪器价格比较昂贵，除在对生产影响极大的关键设备上使用外，一般多采用简单工具和仪器进行监测。

简单的监测工具和仪器很多，如千分尺、千分表、厚薄塞尺、温度计、内表面检查镜、测振仪等，用这些工、器具直接接触监测物体表面，直接获得磨损、变形、间隙、温度、振动、损伤等异常现象的信息。[①]

二、设备状态监测工作的开展

（一）设备的检查

企业要利用管理职能制定规章制度以及各种报表等，针对设备上影响产品质量、产量、成本、安全和设备正常运转的部位进行日常点检、定期检查和精度检查等，及时发现设备异常，进行调整、换件或抢修，以维持正常的生产，或将不能及时处理的精度降低，功能降低和局部劣化等信息记录下来，作为修理计划的制订和设备更新改造的依据。

（二）设备状态监测

前述的设备日常检查和定期检查，均为企业了解设备在生产过程中状态的、行之有效的作业方法，多年来为企业所采用。然而这种检查有一定的局限性，它并不能定量地测出设备各种参数，确切反映故障征兆、隐患部位、严重程度及发展趋势。因此许多企业在主要生产设备（关键设备）上，采用现代管理手段状态监测及诊断技术预防故障、事故并为预知维修提供依据。

开展状态监测和诊断工作，首先要研究企业生产情况、设备组成结构、

---

① 汪永华，贾芸.机电设备故障诊断与维修[M].北京：机械工业出版社，2019.

实际需要、技术力量、财力资源及管理基础工作等，从获得技术经济效果最佳出发，经分析、研究来确定需进行状态监测的设备。其次是培训专职技术人员，合理选择工具、仪器和方法，经试验后付诸实施。实施中，要责任到人，制定出每台设备的"状态监测登记表"。表中列出监测内容、手段、结果等，负责人员按规定时间进行监测或由装于"在线监测系统"上的记录仪器收集状态信息，监测信息汇总后，供诊断故障，开展预知维修提供依据。

目前设备状态监测的发展趋势是从人工检查逐步实施人、机检查，将设备监测仪器与计算机结合，计算机接收监测信号后，可定时显示或打印输出设备的状态参数（如温度、压力、振动等），并控制这些参数不超出规定的范围，保持设备正常运转和生产的正常进行。以点检为基础，以状态监测为手段，利用计算机迅速、准确、程序控制等功能。实现设备的在线监测将给企业带来极大的经济效益。

（三）设备的在线监测

积极开展设备状态监测和故障诊断工作搞好设备综合管理，不仅要大力培养具有这方面工作经验、专业技术的人才，组织专业队伍，而且要积极开发设备在线监测软件和新的状态监测项目，不断适应现代化大生产的管理需要。

化工、石油、冶金等企业由于生产工艺连续，成套装置流水作业，要求设备可靠性高，故率先广泛应用设备诊断技术，特别是设备在线监测方法，以确保生产顺利进行。对机械、电子、纺织、航空及其他轻工业企业，正在逐步将设备诊断技术用于其他机械设备和动力装置上，特别是用于发电机组、锅炉、空气压缩机等动力发生装置上，采用电子计算机控制的在线监测，以保证设备正常运转，能源供应和安全生产。

第三节 设备的故障诊断

一、设备故障诊断技术的发展

随着设备现代化水平大幅度提高，向大型化、连续化、高速化、自动化、电子化迅速发展，设备的效率和效益均大大增长，设备本身也愈发昂贵，一旦发生故障或事故，会造成极大的直接和间接损失。因此，在运行中保持设备的完好状态，监测故障征兆的发生与发展，诊断故障的原因、部位、危险程度，采取措施防止和控制突发故障、事故的出现，已成为设备管理的主要课题之一。

20世纪70年代以来，世界上发达国家都在工业领域中大力发展设备诊断技术，使设备处于最佳状态并发挥其最大效能。近年来，我国各行业也在大力推行设备状态监测与故障诊断，特别是化工、石油化工、冶金等行业已取得初步成效，目前正在积极开发状态监测软件，朝着更加广泛、深入的方向发展。

二、设备诊断技术的含义与内容

设备诊断技术是一门涉及数学、物理、化学、力学、声学、电子技术、机械、传感技术、计算机技术和信号处理技术等多学科的综合性学科。它依靠先进的传感技术与在线检测技术，采集设备中各种具有某些特征的动态信息，并对这些信息进行各种分析和处理，确认设备的异常表现，预测其发展趋势，查明其产生原因、发生的部位和严重的程度，提出针对性的维护措施和处理方法，这一切构成了现代设备管理制度——按状态维修的方法。

随着设备复杂程度的增加，机械设备的零部件数目正以等比级数递增。各种零部件受力状态和运行状态不同，如变形、疲劳、冲击、腐蚀、磨损和蠕变等因素以及它们之间的相互作用，各零部件具有不同的失效原因和失效周期。设备的故障过程实际上是零部件的失效过程。机械故障诊断实质上就是利用机器运行过程中各个零部件的二次效应（如由磨损后增大的间隙所造成的振动），由现象判断本质，由局部推测整体，由当前预测未来。它是以机械为对象的行为科学，其最终目的就是力图发挥出设备寿命周期的最大效益。

设备诊断技术在设备综合管理中具有重要的作用，表现如下所述：①它可以监测设备状态，发现异常状况，防止突发故障和事故的发生，建立维护标准，开展预知维修和改善性维修；②较科学地确定设备修理间隔期和内容；③预测零件寿命，搞好备件生产和管理；④根据故障诊断信息，评价设备先天质量，为改进设备的设计、制造、安装工作和提高换代产品的质量提供依据。

目前，国内外应用于机械设备故障诊断技术方面的检测、分析和诊断的主要方法有：振动和噪声诊断法、磨损残留物、泄漏物诊断法、温度、压力、流量和功率变化诊断法和应变、裂纹及声发射诊断法。实行按状态维修必须根据不同机器的特点，选择恰当的诊断方法。一般来说，应以一种方法为主，逐步积累原始数据和实践经验。国内外应用最广泛的是振动和噪声诊断法。

三、设备故障诊断技术的分类

设备诊断技术按诊断方法的完善程度可分为简易诊断技术和精密诊断技术。

（一）简易诊断技术

简易诊断技术就是使用各种便携式诊断仪器和工况监视仪表，仅对设备有无故障及故障严重程度作出判断和区分。它可以宏观地、高效率地诊断出众多设备有无异常，因而费用较低。所以，简易诊断技术是诊断设备"健康"状况的初级技术，主要由现场作业人员实施。

为了能对设备的状态迅速有效地作出概括的评价，简易诊断技术应具备以下的功能：设备所受应力的趋向控制和异常应力的检测；设备的劣化、故障的趋向控制和早期发现；设备的性能、效率的趋向控制和异常检测；设备的监测与保护；指出有问题的设备。

（二）精密诊断技术

精密诊断技术就是使用较复杂的诊断设备及分析仪器，除了能对设备有无故障及故障的严重程度作出判断及区分外，在有经验的工程技术人员参与下，还能对某些特殊类型的典型故障的性质、类别、部位、原因及发展趋势作出判断及预报。它的费用较高，由专业技术人员实施。

精密诊断技术的目标，就是对简易诊断技术判定为"大概有点儿异常"的设备进行专门的精确诊断，以决定采取哪些必要措施。所以，它应具备的功能包括：确定异常的形式和种类；了解异常的原因；了解危险程度，预测发展趋势；了解改善设备状态的方法。

四、设备诊断过程及基本技术

(一) 设备诊断过程

设备通过传感器进行信息处理，再进入状态识别，最后作出诊断决策，确定应当继续监视、重点监视还是停机修理。[①]

(二) 设备诊断基本技术

1.检测技术

在进行设备诊断时，首先要定量检测各种参数。有些数值可直接测得，也有许多应该检测部位的数值不能直接测得，因此首先要考虑的是对各种不同的参数值如何监测。哪些项目需长期监测、短时监测或结合修理进行定期测定等。一般对于不需长期监测的量可采取定期停机测定并修理；对不能直接测到的数据可转换为与之密切相关的数据进行检测。尽量在运转过程中不拆卸零部件的情况下进行检测。在达到同样效果的情况下，尽量选择最少的参数进行检测。

根据设备的性质与要求，正确地应用与选择传感器也是很重要的问题：有些参数的取得，不需要传感器，例如测定表面温度；而有些参数不仅需要传感器，而且要连续监测。要恰当地选择传感器装置以获取与设备状态有关的诊断信息。

2.信号处理技术

信息是诊断设备状态的依据，如果获取的信号直接反映设备状态，则与正常状态的规定值相比较即可得出设备处于某种状态的结论。但有些信号却伴有干扰，如声波、振动信号等，故需要滤波。通过数据压缩，形式变换等处理，正确地提取与设备状态和故障有关的征兆特征量，即为信号处理技术。

3.识别技术

根据特征量识别设备的状态和故障，先要建立判别函数，确定判别的标准，然后再将输入的特征量与设备历史资料和标准样本比较，从而获得设备的状态或故障的类型、部位、性质、原因和发展趋势等结论性意见。

[①]魏志刚.机械设备故障诊断技术[M].2版.武汉：华中科技大学出版社，2023.

4.预测技术

预测技术就是预测故障将经过怎样的发展过程，何时达到危险的程度，推断设备的可靠性及寿命期。

5.振动和噪声诊断技术

振动和噪声诊断方法就是通过对机器设备表面部件的振动和噪声的测量与分析，通过运用各种仪器对运转中机械设备的振动和噪声现象进行监测，以防范因振动对各种运转设备产生的不良影响。监视设备内部的运行状况进而预测判断机器设备的"健康"状态。它在不停机的情况下监测机械振动状况，采集和分析振动信号，判断设备状态，从而做好预防维修，防止故障和事故的发生。正由于振动的广泛性、参数的多维性、测振技术的遥感性和实用性，决定了人们将振动监测与诊断列为设备诊断技术的最重要的手段。它的方便性、在线性和无损性使它的应用越来越广泛。

6.润滑油磨粒检测技术

磨粒监测的技术方法有铁谱分析技术、光谱分析技术和磁塞分析法，以及过滤分析法等。在故障诊断中，应用最多的是铁谱分析技术。

铁谱分析技术也称"铁相学"或"铁屑技术"。它是通过分析润滑油中的铁磁磨粒判断设备故障的技术。其工作过程为：带有铁磁性磨粒的润滑油，流过一个高强度、高磁场梯度的磁场时，利用磁场力使铁磁性磨粒从润滑油中分离出来，并且按照磨粒颗粒的大小，沉积在玻璃基片上制成铁谱基片（简称谱片），通过观察磨粒的形状和材质，判断磨粒产生的原因，通过检测磨粒的数量和分布，判断设备磨损程度。

7.无损探伤技术

无损探伤是指在不损伤物体构件的前提下，借助于各种检测方法，了解物体构件的内部结构和材质状态的方法。无损探伤技术包括超声波探伤、射线探伤、磁粉探伤、渗透探伤，以及声发射检测方法。在工业生产和故障诊断中，目前应用最为广泛的就是超声波探伤技术。

所谓超声波探伤法是指由电振荡在探头中激发高频声波，高频声波入射到构件后若遇到缺陷，会反射、散射、衰减，再经探头接收转换为电信号，进而放大显示，根据波形确定缺陷的部位、大小和性质，并根据相应的标准或规范判定缺陷的危害程度的方法。

8.温度监测技术

温度监测技术是利用红外技术等温度测量的方法，检测温度变化，对机械设备上某部分的发热状态进行监测，发现设备异常征兆，从而判断设备的运行状态和故障程度的技术。其中红外监测技术是非接触式的，具有测量速度快、灵敏度高、范围广、远距离、动态测量等特点，在高低压电器、化工、热工、工业窑炉以及电子设备工作状态监测和运行故障的诊断中，比其他诊断技术有着不可替代的优势。在机械设备故障诊断中，温度监测也可作为其他诊断方法的补充，在工业领域中被广泛应用。

五、设备诊断工作的开展

设备状态监测与诊断工作正在我国各大中型企业中逐步开展起来，由于企业生产性质、工艺流程特点，设备管理的水平和技术力量配备的不同，这一工作发展尚不平衡，开展的规模和程序也各不相同，为了更有效地开展这项工作，现把开展诊断工作的步骤加以归纳，如下：①全面搞清企业生产设备的状况。包括性能、结构、工作能力、工作条件、使用状态、重要程度等。②确定全厂需要监测和诊断的设备，如重点关键设备，故障停机对生产影响大、损失大的设备。根据急需程度和人力物力条件，先在少数机台上试点，总结经验后，逐渐推广。③确定需监测设备的监测点、测定参数和基准值，及监测周期（连续、间断、间隔时间，如一月、一周、一日等）。④根据监测及诊断的内容，确定监测方式与结构，选择合适的方法和仪器。⑤建立组织机构和人工、电脑系统、制定记录报表、管理程序及责任制等。⑥培训人员，使操作人员及专门人员不同程度地了解设备性能、结构、监测技术、故障分析及信号处理技术，监测仪器的使用、维护保养等。⑦不断总结开展状态监测、故障诊断工作的实践经验，巩固成果，摸索各类零部件的故障规律、机理。进行可靠性、维修性研究，为设计部门提高可靠性、维修性设计，不断提高我国技术装备素质，提供科学依据，为不断提高设备诊断技术水平和拓宽其应用范围提供依据。

第四节 设备的故障管理

设备故障,一般是指设备或系统在使用中丧失或降低其规定功能的事件或现象。设备是企业为满足某种生产对象的工艺要求或为完成工程项目的预计功能而配备的。在现代化生产中,由于设备结构复杂,自动化程度很高,各部分、各系统的联系非常紧密,因而设备出现故障,哪怕是局部的失灵,都可能造成整个设备的停顿,整个流水线、整个自动化车间的停产。设备故障直接影响企业产品的数量和质量。因此,世界各国,尤其是工业发达国家都十分重视设备故障及其管理的研究,我国一些大中型企业,也在20世纪80年代初开始探索故障发生的规律,对故障进行记录,对故障机理进行分析,以采取有效的措施来控制故障的发生,这就是我们所说的设备故障管理。

一、设备故障的分类

设备故障是多种多样的,可以从不同角度对其进行分类。

(一)按故障的发生状态分类

渐发性故障:是由于设备初始参数逐渐劣化而产生的,大部分机器的故障都属于这类故障。这类故障与材料的磨损、腐蚀、疲劳及蠕变等过程有密切的关系。

突发性故障:是各种不利因素以及偶然的外界影响共同作用而产生的,这种作用超出了设备所能承受的限度。例如:因机器使用不当或出现超负荷而引起零件折断;因设备各项参数达到极值而引起的零件变形和断裂。此类故障往往是突然发生的,事先无任何征兆。突发性故障多发生在设备初期使用阶段,往往是由于设计、制造、装配和材质等缺陷,或者操作失误、违章作业而造成的。

(二)按故障的性质分类

间断性故障:指设备在短期内丧失其某些功能,稍加修理调试就能恢复,不需要更换零部件。

永久性故障:指设备某些零部件已损坏,需要更换或修理才能恢复使用。

（三）按故障的影响程度分类

完全性故障：导致设备完全丧失功能。

局部性故障：导致设备某些功能丧失。

（四）按故障发生的原因分类

磨损性故障：由于设备正常磨损造成的故障。

错用性故障：由于操作错误、维护不当造成的故障。

固有的薄弱性故障：由于设计问题使设备出现薄弱环节，在正常使用时产生的故障。

（五）按故障的发生、发展规律分类

随机故障：故障发生的时间是随机的。

有规则故障：故障的发生有一定规律。

每一种故障都有其主要特征，即所谓故障模式，或故障状态。各种设备的故障状态是相当繁杂的，但可归纳出以下数种：异常振动、磨损、疲劳、裂纹、破裂、过度变形、腐蚀、剥离、渗漏、堵塞、松弛、绝缘老化、异常声响、油质劣化、材料劣化、黏合、污染及其他。

二、设备故障的分析方法

在故障管理工作中，不但要对每一处具体的设备故障进行分析，查明发生的原因和机理，采取预防措施，防止故障重复出现。同时，还必须对本系统、企业全部设备的故障基本状况、主要问题、发展趋势等有全面的了解，找出管理中的薄弱环节，并从本企业设备着眼，采取针对性措施，预防或减少故障，改善技术状态。因此，对故障的统计分析是故障管理中必不可少的内容，是制定管理目标的主要依据。

（一）故障信息数据收集与统计

1.故障信息的主要内容

故障对象的有关数据：有系统、设备的种类、编号、生产厂家、使用经历等；故障识别数据：有故障类型、故障现场的形态表述、故障时间等；故障鉴定数据：有故障现象、故障原因、测试数据等；有关故障设备的历史资料。

2.故障信息的来源

故障现场调查资料；故障专题分析报告；故障修理单；设备使用情况报告（运行日志）；定期检查记录；状态监测和故障诊断记录；产品说明书，出厂检验、试验数据；设备安装、调试记录；修理检验记录。

3.收集故障数据资料的注意事项

注意事项包括：按规定的程序和方法收集数据；对故障要有具体的判断标准；各种时间要素的定义要准确，计算相关费用的方法和标准要统一；数据必须准确、真实、可靠、完整，要对记录人员进行教育、培训，健全责任制；收集信息要及时。

4.做好设备故障的原始记录的要求

第一，跟班维修人员做好检修记录，要详细记录设备故障的全过程，如故障部位、停机时间、处理情况、产生的原因等，对一些不能立即处理的设备隐患也要详细记载。

第二，操作工人要做好设备点检（日常的定期预防性检查）记录，每班按点检要求对设备做逐点检查、逐项记录。对点检中发现的设备隐患，除按规定要求进行处理外，对隐患处理情况也要按要求认真填写。以上检修记录和点检记录定期汇集整理后，上交企业设备管理部门。

第三，填好设备故障修理单，当有关技术人员会同维修人员对设备故障进行分析处理后，要把详细情况填入故障修理单，故障修理单是故障管理中的主要信息源。

（二）故障分析内容与方法

1.故障原因分类

开展故障原因分析时，对故障原因种类的划分应有统一的原则。因此，首先应将本企业的故障原因种类规范化，明确每种故障所包含的内容。划分故障原因种类时，要结合本企业拥有的设备种类和故障管理的实际需要。其准则应是根据划分的故障原因种类，容易看出每种故障的主要原因或存在的问题。当设备发生故障后进行鉴定时，要按统一规定确定故障的原因（种类）。当每种故障所包含的内容已有明确规定时，便不难根据故障原因的统计资料发现本企业产生设备故障的主要原因或问题。

2.典型故障分析

在原因分类分析时，由于各种原因造成的故障后果不同，因此，通过这种分析方法来改善管理与提高经济性的效果并不明显。

典型故障分析则从故障造成的后果出发，抓住影响经济效果的主要因素进行分析，并采取针对性的措施，有重点地改进管理，以求取得较好的经济效果。这样不断循环，效果就更显著。

影响经济性的三个主要因素是：故障频率、故障停机时间和修理费用。故障频率是指某一系统或单台设备在统计期内（如一年）发生故障的次数；故障停机时间是指每次故障发生后系统或单机停止生产运行的时间（如几小时）。以上两个因素都直接影响产品输出，降低经济效益。修理费用是指修复故障的直接费用损失，包括工时费和材料费。

典型故障分析就是将一个时期内（如一年）企业（或车间）所发生的故障情况，根据上述三个因素的记录数据进行排列，提出三组最高数据，每一组的数量可以根据企业的管理力量和发生故障的实际情况来定。如设定10个数据，则分别将三个因素中最高的10个数据的原始凭证提取出来，根据记录的情况进一步分析和提出改进措施。

3.MTBF分析法

设备的MTBF是一项在设备投入使用后较易测定的可靠性参数，它被广泛用于评价设备使用期的可靠性。设备的MTBF可通过MTBF分析求得，同时还可以对设备故障是怎样发生的有所了解。MTBF分析一般按下述步骤进行。

第一，选择分析对象。为了分析同一型号、规格且使用条件相似的多台设备的故障规律及MTBF，所选分析对象（设备）应具有代表性，它在使用中的各种条件，如使用环境、操作人员、加工产品、切削负荷、台时利用年、维修保养等条件，都应处于设备允许范围的中间值备群的特性。分析对象（设备）MTBF不应相差悬殊，否则，应认真检查原始记录有无问题。对使用条件、故障内容等做详细研究分析，确定是否由起支配作用的故障造成。若查不出原因，就只能将MTBF分析结果作废。

第二，规定观测时间。记录下观测时间内该设备的全部故障（故障修理）。观测时间应不短于该设备中寿命较长的磨损件的修理（更换）期，一般连续观测记录2～3年，可充分发现影响MTBF的故障（失效）。要全部记录下观测期内发生的全部故障（无论停机时间长短），包括突发故障（事后修复）和将要发生的故障（通过预防维修排除）的有关数据资料、故障部位（内容）、处理方法、发生日期、停机时间、修理的工时、修理人员数等，并保证数据的准确性。

第三，数据分析。将在观测期内，设备的故障间隔期和维修停机时间按发生时间先后依次排列，将各故障间隔时间 t 相加，除以故障次数 n_0 即可以得

$$\text{MTBF} = \sum_{i=1}^{n} t_i / n_0$$

将各次修理的停机时间 t_{01}，t_{02}，$\cdots$，t_{0n} 相加，除以修理故障次数 n_0 即可得到平均修理时间为：

$$\text{MTTR} = \sum_{i=1}^{n} t_{0i} / n_0$$

如果MTBF的分析目的是了解故障的发生规律，则应把所有原因造成的故障，包括非设备本身原因造成的故障都统计在内。如果测定MTBF的分析目的是求得可靠性数据，则应在故障统计中剔除那些非正常情况造成的故障，如明显的超设备性能使用、人为的破坏、自然灾害等造成的设备故障。

如果把记录故障的工作一直延续进行下去，当设备进入使用的后期（损耗故障期），将会出现故障密集现象，不但易损件，就连一些基础件也连续发生故障而形成故障流，且故障流的间隔时间也显著缩短。通过多台相同设备的故障记录分析，就可以科学地估计该设备进入损耗故障期的时间，为合理地确定进行预防修理的时间创造条件。

4.统计分析法

通过统计某一设备或同类设备的零部件（如活塞、填料等）因某方面技术问题（如腐蚀强度等）所发生的故障，占该设备或该类设备各种故障的百分比，然后分析设备故障发生的主要问题所在，为修理和经营决策提供依据的一种故障分析法，称为统计分析法。

5.分步分析法

分步分析法是对设备故障的分析范围由大到小、由粗到细逐步进行，最终必将找出故障频率最高的设备零部件或主要故障的形成原因，并采取对

策。这对大型化、连续化的现代工业，准确地分析故障的主要原因和倾向，是很有帮助的。

6. 故障树分析法

从系统的角度来说，故障既有因设备中具体部件（硬件）的缺陷和性能恶化所引起的，也有因软件如自控装置中的程序错误等引起的。此外，还有因为操作人员操作不当或漫不经心而引起的损坏故障。

20世纪60年代初，随着载人宇航飞行、洲际导弹的发射，以及原子能、核电站的应用等尖端和军事科学技术的发展，都需要对一些极为复杂的系统做出有效的可靠性与安全性评价。故障树分析法就是在这种情况下产生的。

故障树分析法简称FTA（Fault Tree Analysis），是1961年由美国贝尔电话研究室的华特先生首先提出的。其后，在航空和航天的设计、维修，原子反应堆、大型设备以及大型电子计算机系统中得到了广泛的应用。目前，故障树分析法虽还处在不断完善的发展阶段，但其应用范围正在不断扩大，是一种很有前途的故障分析法。

总的来说，故障树分析法具有以下特点：

故障树分析法是一种从系统到部件，再到零件，按"下降型"分析的方法。它从系统开始，通过由逻辑符号绘制出的一个逐渐展开成树状的分枝图，来分析故障事件（又称顶端事件）发生的概率。同时也可以用来分析零部件或子系统故障对系统故障的影响，其中包括人为因素和环境条件等在内。

故障树分析法对系统故障不但可以做定性的分析，也可以做定量的分析；不仅可以分析由单一构件所引起的系统故障，而且也可以分析多个构件不同模式故障而产生的系统故障情况。因为故障树分析法使用的是一个逻辑图，因此，不论是设计人员还是使用和维修人员都容易掌握和运用，并且由它可派生出其他专门用途的"树"。例如可以绘制出专用于研究维修问题的维修树，用于研究经济效益及方案比较的决策树等。

由于故障树是一种逻辑门所构成的逻辑图，因此适合于用电子计算机来计算；而且对于复杂系统的故障树的构成和分析，也只有在应用计算机的条件下才能实现。

显然，故障树分析法也存在一些缺点。其中主要是构造故障树的冗余量相当繁重，难度也较大，对分析人员的要求也较高，因而限制了它的推广和普及。在构造故障树时要运用逻辑运算，在其未被一般分析人员充分掌握的情况下，很容易发生错误和失察。例如很有可能把重大影响系统故障的事件漏掉；同时，由于每个分析人员的研究范围各有不同，其所得结论的可信性也就有所不同。

一个给定的系统，可以有各种不同的故障状态（情况）。所以在应用故障树分析法时，首先应根据任务要求选定一个特定的故障状态作为故障树的顶端事件，它是所要进行分析的对象和目的。因此，它的发生与否必须有明确定义；它应当可以用概率来度量；而且从它开始，故障状态可向下继续分解，最后能找出造成这种故障状态的可能原因。

构造故障树是故障树分析中最为关键的一步。通常要由设计人员、可靠性工作人员和使用维修人员共同合作，通过细致的综合与分析，找出系统故障和导致系统该故障的诸因素的逻辑关系，并将这种关系用特定的图形符号，即事件符号与逻辑符号表示出来，成为以顶端事件为"根"向下倒长的一棵树——故障树。在绘制故障树时需应用规定的图形符号。它们可分为两类，即逻辑符号和事件符号。

三、设备故障管理的程序

设备故障管理的目的是在故障发生前通过设备状态的监测与诊断，掌握设备有无劣化情况，以期发现故障的征兆和隐患，及时进行预防维修，以控制故障的发生；在故障发生后，及时分析原因，研究对策，采取措施排除故障或改善设备，以防止故障的再发生。

要做好设备故障管理，必须认真掌握发生故障的原因，积累常发故障和典型故障资料和数据，开展故障分析，重视故障规律和故障机理的研究，加强日常维护、检查和预修。这样就可避免突发性故障和控制渐发性故障。

设备故障管理的程序如下。

第一，做好宣传教育工作，使操作工人和维修工人自觉地遵守有关操作、维护、检查等规章制度，正确使用和精心维护设备，对设备故障进行认真的记录、统计和分析。

第二，结合本企业生产实际和设备状况及特点，确定设备故障管理的重点。

第三，采用监测仪器和诊断技术对重点设备进行有计划的监测，及时发现故障的征兆和劣化的信息。一般设备可通过人的感官及一般检测工具进行日常点检、巡回检查、定期检查（包括精度检查）、完好状态检查等，着重掌握容易引起故障的部位、机构及零件的技术状态和异常现象的信息。同时要建立检查标准，确定设备正常、异常、故障的界限。

第四，为了迅速查找故障的部位和原因，除了通过培训使维修、操作工人掌握一定的电气、液压技术知识外，还应把设备常见的故障现象、分析步骤、排除方法汇编成故障查找逻辑程序图表，以便在故障发生后能迅速找出故障部位与原因，及时进行故障排除和修复。

第五，完善故障记录制度。故障记录是实现故障管理的基础资料，又是进行故障分析处理的原始依据。记录必须完整正确。维修工人在现场检查和故障修理后，应按照"设备故障修理单"的内容认真填写，车间机械员（技师）与动力员按月统计分析报送设备动力管理部门。

第六，及时进行故障的统计与分析。车间机械员（技师）、动力员除日常掌握故障情况外，应按月汇集"故障修理单"和维修记录。通过对故障数据的统计、整理、分析，计算出各类设备的故障频率、平均故障间隔期，分析单台设备的故障动态和重点故障原因，找出故障的发生规律，以便突出重点采取对策，将故障信息整理分析资料反馈到计划部门，进一步安排预防修理或改善措施计划，还可以作为修改定期检查间隔期、检查内容和标准的依据。[1]

根据统计整理的资料，可以绘出统计分析图表，例如单台设备故障动态统计分析表是维修班组对故障及其他进行目视管理的有效方法，既便于管理人员和维修工人及时掌握各类型设备发生故障的情况，又能在确定维修对策时有明确目标。

第七，针对故障原因、故障类型及设备特点的不同采取不同的对策。对新设置的设备应加强使用初期管理，注意观察、掌握设备的精度、性能与缺陷，做好原始记录。在新设备使用中加强日常维护、巡回检查与定期检查，

---

[1]王联，秦亮，张文广，等.电子设备故障诊断与维修技术[M].北京：北京航空航天大学出版社，2018.

及时发现异常征兆，采取调整与排除措施。重点设备进行状态监测与诊断。建立灵活机动的具有较高技术水平的维修组织，采用分部修复、成组更换的快速修理技术与方法，及时供应合格备件。利用生产间隙整修设备。

对已掌握磨损规律的零部件采用改装更换等措施。

第八，做好控制故障的日常维修工作。通过区域维修工人的日常巡回检查和按计划进行的设备状态检查所取得的状态信息和故障征兆，以及有关记录、分析资料，由车间设备机械员（技师）或修理组长针对各类型设备的特点和已发现的一般缺陷，及时安排日常维修，便于利用生产空隙时间或周末，做到预防在前，以控制和减少故障发生。对某些故障征兆、隐患，日常维修无力承担的，则反馈给计划部门另行安排计划修理。

第五章 机电设备的日常管理与检修管理

第一节 正确使用和精心维护设备

一、正确使用设备

(一)合理安排生产设备

各种设备或零部件都有使用寿命，只有正确使用和精心维护保养，设备才能达到应有的使用寿命，发挥最大效率。正确使用、合理操作和精心维护，是根本也是基本工作。

根据产品工艺特点，正确、合理选择各类型设备，考虑设备使用范围、技术特性。为满足生产工艺要求，合理选择设备是保证生产的重要环节，也是对设备管理产生影响的因素。这里所说选择设备与采购选用设备的概念不完全相同，此处选择设备是在合理安排生产时，考虑设备的工艺性能与技术要求。

(二)正确规定设备能力

根据设备结构、性能和技术特性，正确规定设备的能力。不同的设备是根据相应的原理设计制造，所以，设备的性能指标、使用目的和技术参数有具体规定。必须根据设备能力制订计划、安排生产。如压力容器不能超过压力使用，工业锅炉、变压器严禁超压使用，设备不能超生产效率、超规格使用。保证生产安全，做到正确使用设备、发挥设备效能。

(三)制定设备操作规程

设备结构决定了设备能力，即设备超能力工作将性能下降、损坏设备，因此，必须根据具体要求制定每台设备的操作规程、安全规程，保证设备的正确使用。

(四)严格执行操作规程并考核

操作人员对设备正确使用负有责任，必须熟悉和严格执行操作规程。操作中注意观察、控制有关的性能指标，如温度、压力、转速、流量等，如在操作中发现不正常现象，立即停机并报告设备人员，查明原因排除故障，设备故障未排除或设备发生异常，操作人员无权擅自继续操作设备。

设备管理是全员管理与专业人员相结合，应当加强考核，制定设备使用的考核制度。

二、精心维护设备

（一）维护设备的目的

设备维护保养是设备运动的客观要求，是设备管理的重要环节，目的是防止设备的劣化。只有精心保养设备，才能有效延长设备的使用寿命，提高设备效率，保证设备工艺精度。设备在使用过程中，必然造成零部件磨损、电气控制系统老化，一些介质的化学作用如腐蚀，也会导致液压系统的泄漏。设备使用过程中会产生性能劣化，设备劣化分使用劣化、自然劣化和灾害劣化。使用劣化包括压力、破损、变形、误操作等；自然劣化包括放置久、锈蚀、材质老化等；灾害劣化包括风暴、水浸、地震、火灾等。

（二）维护的类别和内容

维护类别分日常维护和定期维护。

日常维护包括每个班次维护和周末维护，加强班次维护，由操作人员负责完成。

班次维护要求操作人员在每个班次生产的班前对设备部位检查，按规定加油润滑，如需要点检的设备，按规定检查并记录，发现异常要及时处理，如不能处理，及时报告设备人员，交接班时，应将设备运行状态、故障等完整记录，办理交接班手续。周末维护主要安排周末或节假日对设备做完整清扫、擦拭与涂油，对设备检查考核。

定期维护也称为定期保养，在维修人员辅导配合下，由操作人员主要承担的定期维护。定期维护是根据企业具体情况、设备运行状态确定时间，通用设备一般2~3月保养1次。精密设备、稀有设备、专用设备等，根据设备状态确定。

（三）维护保养的一般方法

1.投产前必须做好维护保养准备工作

编制设备维护保养管理制度、安全操作制度；编制设备的润滑卡片，重点设备绘制润滑图表；对操作人员培训，要求操作人员了解设备的基本结构、性能、使用、维护保养、安全操作等知识，并进行理论知识和实践技能的考核，考核合格才能操作设备；准备必要的维护保养工具、器具和符合要求的润滑油脂；对设备安装、精度、性能、安全装置和报警装置等进行全面检查，对所有附件清点核对，符合要求后，才能操作使用该设备。

2.设备使用中严格岗位责任制

认真执行巡回检查并填写记录表格，发现所有的突发故障及不正常状态及时处理，尽快恢复设备正常状态，保证安全运行。操作人员承担的一般日常维护保养包括：检查轴承及有关部位温度和润滑情况；检查压力、振动和杂音；检查传动皮带、钢丝绳、链条的紧固和平稳度；检查冷却系统、控制系统的计量仪表、调节仪表的状态；安全制动器及事故报警装置是否完好；安全保护罩及栏杆是否良好；各密封点是否泄漏；认真做好润滑工作；以维护为主、检修为辅，操作人员应具备"四懂"（结构、原理、性能、用途）"三会"（使用、维护保养、排除一般故障）的知识。

3.具体做法及人员责任

按照设备的特点和要求，设备整体、管线、阀门、仪表、电源供应等有专人负责；严格按操作管理规定操作、使用设备；按照维护要求精心维护设备；进行维护保养的考核，开展评比活动，提高员工积极性。

三、设备检查

设备检查是及时掌握设备技术状态的有效手段，对设备进行精度、性能及磨损的检查，可及早发现故障或隐患，及时排除故障，保证设备的正常运行。设备检查是维修活动的重要信息来源，是做好设备修理计划的基础。

（一）日常检查

由操作人员和现场维修人员每天例行检查，及时发现设备运行的不正常情况并能排除。主要以人的感官、简单工具或设备上的仪表和信号标志，如压力、电压、电流、温度、液位等。检查时间是在设备运行时随机检查，交接班时，上下班人员共同完成。

（二）定期检查

以现场维修人员为主、操作人员参加，定期检查设备状况，尽早发现、记录设备隐患、异常、损失、磨损情况。

巡回检查是现场操作人员按管理制度巡回检查电路，对设备采用定时、定点、定项的周期检查，一般采用听、摸、查、看、闻等检查法。巡回检查的主要内容：检查轴承及有关部位的温度、润滑及振动情况；看温度、压力、流量、液位等控制计量仪表、自动调节装置的状态；检查传动部分如带轮、钢丝绳、链条等松紧与平稳程度；检查冷却水、水蒸气、物料系统的情况；检查安全装置、制动装置、报警装置、停车装置是否处于良好状态；检查设备的安全防护装置是否完好；检查设备的管路密封泄漏情况；检查设备电源、电器元件、仪表的工作情况等。

设备的定期检查由专业维修工人检查，一般由现场维修人员和专业人员共同完成，按设备的性能标准，对设备检查，定期检查包括日常检查、定期停机检查、专项检查。维修工人检查中发现问题，及时采取措施，处理不了的问题填写修理卡片。

第二节 设备的润滑管理知识

一、设备润滑的目的与任务

（一）设备润滑的目的

设备运转过程中，运动部件都在接触表面做相对运动。有运动就有摩擦，就消耗能量、产生磨损。因此，必须根据设备中相对运动零部件的工作条件和作用性质，正确选用适当的润滑剂润滑两摩擦面，降低摩擦、减少磨损，保证设备的正常运转。

设备润滑是在相对运动的两摩擦面之间加入润滑剂，形成润滑膜，将直接接触的两摩擦表面分割开来，变干摩擦为润滑剂分子间的摩擦，做到控制摩擦、减少磨损、降低摩擦面的温度，防止摩擦面的锈蚀，通过润滑剂传递动力，并起密封、减振作用。

设备润滑的目的就是保证设备的正常运转、防止设备事故、减少机体磨损、延长使用寿命、减少摩擦阻力、减少能源消耗、节约能源、提高设备效能、保持设备的良好精度。正确、合理、及时地润滑设备，对设备正常运转与维护，使之处于良好的技术状态，充分发挥设备的使用效能，提高产品质量具有重要作用。

设备的润滑管理就是为达到上述目的采取的技术、组织与管理措施。正确进行设备的润滑是机电设备正常运行的条件，是设备保养的重要内容。合理选择润滑装置和润滑系统、科学使用润滑剂、做好润滑油的管理，才能大大减少设备磨损、降低动力消耗、延长设备寿命，保证设备安全运转，为生产经营服务。

1.保证设备正常运转，延长设备寿命

正确合理的润滑方法和适合的润滑剂，可减少设备磨损，保证设备长期处于良好的精度状态，保证设备的运行效率，延长设备使用寿命，不产生局部过热、过磨损，减少事故与故障发生。

2.节约能源

良好合理的润滑，使设备处于良好的灵活状态，减少摩擦阻力、机件磨损，就是减少设备的动能提供，节约能源，符合节能降耗要求。

3.提倡选用国产润滑剂

国内许多企业选用了进口设备，根据设备使用说明书，引进设备都指定国外的润滑剂。在设备管理中，为了降低设备管理成本，减少对进口润滑剂的依赖，可以在了解进口设备性能的基础上，在条件许可时，尽量选用国产润滑油代替进口润滑油。

（二）设备润滑管理的任务

1.设备润滑管理的方针要求

根据企业管理的方针、目标，涉及设备管理方面，必须保证设备为生产经营服务，设备管理要求就是保证完成生产计划、产品质量符合要求，设备润滑管理的方针要求就很明确。

2.建立润滑规章制度

根据企业规模、设备种类与特点、生产条件和生产工艺流程状况、产品特点及产品的特殊性要求，确定管理的组织形式，制定规章制度，建立管理人员的职责和工作标准，保证企业润滑管理工作正常开展。

3.完善设备润滑基础工作

完善设备润滑基础工作，是开展设备润滑工作的基本要求。包括编制设备润滑技术资料、润滑图表、润滑卡片、润滑清洗换油操作规程、使用润滑剂的种类与消耗定额、润滑周期及标准等。如工作中，一台数控设备出现故障，因该设备出厂时间不长，应由设备制造厂负责排除故障，维修人员来到现场后，立即发现没有按润滑要求加油润滑。

4.做好"五定"和"三级过滤"工作

设备管理和设备维修保养人员、现场操作人员，应具备一定的摩擦、磨损和润滑知识，认真做好设备润滑工作，严格执行润滑管理制度，做好"五定"和"三级过滤"工作，正确、合理、及时润滑设备。"五定"是定质、定量、定时、定点、定人，"三级过滤"是进厂合格的润滑油在用到设备前，一般经过几次容器倒换和储存，每倒换一次容器均要一次过滤，一般是领油大桶→油箱、油箱→油壶、油壶→设备，共三次过滤。

5.做好润滑剂的储存

企业设备类型多、数量多，润滑剂的采购储存要按规定执行，保管、发放、废油回收、润滑油具的使用与管理等。

6.采用润滑新工艺

不断引进、研制和推广应用设备润滑新工艺、新材料、新技术、新装置，改进润滑条件。

7.时刻检查润滑状态

检查与检测设备润滑状态，及时发现和解决润滑系统中存在的问题。[①]

二、摩擦、润滑的基本知识

(一)摩擦的本质

摩擦是两个互相接触的物体彼此相对运动或有相对运动趋势时，相互作用产生的物理现象。发生在两个摩擦物体的接触表面上，摩擦产生的力称摩擦力。根据经验，当两个摩擦物体表面粗糙度为某一个最适合点时，摩擦力有一个最小值，但当表面粗糙度大于或小于最适合点时，摩擦力就增加。

(二)润滑机理

将一种具有润滑性能的物质加到两相互接触物体的摩擦面上，降低摩擦

---

①巴鹏，马春峰，张秀珩.机械设备润滑基础及技术应用[M].沈阳：东北大学出版社，2020.

和减少磨损，即润滑。常用的润滑介质有润滑油和润滑脂。润滑有一个重要的物理特性，是分子能牢固地吸附金属表面上，形成一层薄薄的油脂，这种油脂在外力作用下与摩擦表面结合很牢，可将两个摩擦面完全隔开，使两个零件表面的机械摩擦转化为油膜内部分子间的摩擦，减少了两个零件的摩擦和磨损，达到润滑作用。

（三）摩擦和润滑分类

干摩擦：在两个滑动摩擦表面之间不加润滑剂的表面摩擦。干摩擦时摩擦表面磨损很严重。设备中，除了利用摩擦力（如各种摩擦传动装置和制动装置）外，干摩擦绝对不允许。

边界摩擦：边界摩擦也称边界润滑，两个摩擦表面之间，由于润滑剂供应不足，无法建立液体摩擦。

液体摩擦：液体摩擦也称液体润滑，滑动摩擦表面充满了润滑剂，表面不直接接触，此时摩擦表面不发生摩擦，而在润滑剂内部产生摩擦，一切机器设备零件表面尽量建立液体摩擦，延长零件、设备的使用寿命。

半干摩擦和半液体摩擦：这是介于干摩擦和边界摩擦之间的摩擦形式，此种摩擦常发生在机器启动和制动时、设备往复运动和摆动时、设备负荷剧烈变动时、设备在高压高温工作时、设备的润滑油黏度太小或供应量不充足时。

（四）润滑剂及作用

润滑剂有液体、半固体、固体和气体四种，通常称润滑油、润滑脂、固体润滑剂、气体润滑剂。

润滑剂的作用：润滑作用，改善摩擦转台、减少表面摩擦、减少磨损、减少能量的供给，达到节能目的；冷却作用，设备运动表面在摩擦时产生热量，大部分可被润滑油带走，少量通过热辐射直接散发；密封作用，各种液压缸缸壁与活塞之间的密封，润滑油脂可提高密封性能；减振和保护，摩擦零件在润滑油脂表面运动，好像浮在油面上，减振作用是对设备振动起到一定缓冲效果；保护作用是润滑油脂的特点，可达到防腐和防尘的效果，起保护作用。

三、设备润滑管理的制度

（一）润滑管理的"五定"制度

定点润滑：定点即明确设备的润滑部分和润滑点。定点润滑要求现场设备操作人员、现场设备维护维修人员必须熟悉有关设备的润滑部分和润滑点；润滑部位和润滑装置，各种设备都要按润滑图的部位和润滑点加、换润滑剂。

定质润滑：定质即确保润滑材料的品种和质量。根据润滑卡片或润滑图表要求加、换质量合格的润滑油品。定质润滑是必须按润滑卡片和图表规定的润滑剂种类和牌号加、换油；不同标号的油脂要分类存放、严禁混杂，特别是新油桶和废油桶严格区分，绝对不能互用。加、换润滑材料时必须使用清洁的器具，不能造成污染；对润滑油实行"三过滤"规定，保证油质洁净。

定时润滑：定时即依据润滑卡片和图表所规定的加换油时间加换油。一般按照设备制造厂说明书的时间规定，结合设备使用具体情况，添加润滑油脂。定时润滑的要求是设备开动前，现场操作人员必须按润滑要求检查设备润滑系统，对需要日常加油的润滑点注油；加油要按规定时间检查和补充，按计划清洗换油；关键设备按检测周期对油液取样分析。

定量润滑：定量是指按规定数量注油、补油或清洗换油。定量润滑的要求是日常加油点按日常定额合理注油，保证设备良好润滑，避免浪费。循环用油，油箱中油的位置应当保持在2/3以上。

定人润滑：定人即明确有关人员对设备润滑工作应负有的责任。定人润滑的要求是当班现场设备操作人员对设备日常加油部分实施班前和班中加油润滑，由操作工人负责对润滑油池进行检查，不足时及时补充；由润滑人员负责，操作人员参加，对设备油池按计划清池换油；由机械维修工对设备润滑系统定期检查，并负责治理漏油。

（二）设备清洗换油管理制度

制定各类设备的清洗换油周期与计划，容量较大的油箱应抽样化验，按质换油；清洗换油时认真清洗设备油池、滤网和过滤器；重点设备、复杂的润滑和液压系统换油要有维修工配合操作；换油后，由操作工人负责试车检查，确定润滑和液压系统正常后可正式使用；换油、废油回收做好记录，包括所换部位的油质、油量、日期等。

（三）废油回收管理制度

对废油回收要使用专用容器。废油要分等级分牌号存放，避免与新油混杂；润滑站负责废油的回收工作，要做好废油回收的统计；做好废油再生利用。如不再生，应及时将废油交售油脂再生厂。

四、润滑油的质量指标

（一）润滑油的质量指标

1.黏度

黏度表示润滑油的黏稠程度，是润滑油的重要指标，对润滑油的分类、质量鉴定和选用很重要。油品分子间发生相对位移时产生的内摩擦阻力，这种阻力大小用黏度表示，分绝对黏度和相对黏度；绝对黏度又分动力黏度和运动黏度。

2.黏温特性

润滑油黏度一般随温度的变化而变化，即黏温特性。在工作温差较大时，润滑油黏度变化越小越好，能保持摩擦副稳定的动压油膜。评价黏温特性，一般用黏度比和黏度指数。黏度比指同一油品50℃时的运动黏度与100℃时的运动黏度的比值，数值越小，黏温性能越好。

油品黏度随温度变化的程度同标准油黏度变化程度比较的相对值叫黏度指数。黏度指数越大，说明在温度变化时黏度变化程度愈小。由于工作条件特殊性，对某些油品提出了具体黏度指数要求。如油膜轴承油黏度指数不低于90；数控机床液压油的黏度指数不低于175。

3.机械杂质

机械杂质指悬浮或者沉淀在润滑油中的杂质，如灰尘、金属粉末等。机械杂质会加速磨损、破坏油膜、堵塞油路，在电力变压器中，会降低绝缘性能，需及时过滤。润滑系统与液压系统一般都装有过滤器或过滤装置。

4.水分

油品中的含水量，以水占油的百分率表示。优良油不含有水分。油中混入水会破坏油膜的形成，使油老化，产生泡沫，油被乳化会引起金属锈蚀，使添加剂变质。如变压器中有水会降低变压器的绝缘性能等。

5.闪点

油在一定条件下加热,蒸发的油蒸汽与空气混合到一定浓度时与火焰接触,产生短时内闪火的最低温度称为闪点,如闪点时间延长5s以上,此温度称为燃点。闪点是润滑油储运及使用的安全指标,一般最高工作温度应低于闪点20~30℃。

6.凝固点

润滑油在一定条件下冷却到失去流动性的最高温度,称凝固点或凝点。将润滑油放在标准测试管内,按规定冷却速度冷却,到一定温度时将试管倾斜45℃后,1min内,油面能保持不动的最高温度,称为凝点。凝点可表示润滑油的含蜡量,还能根据凝点估计油品的最低使用温度。一般润滑油使用温度必须比凝点高5~10℃。

7.酸值和碱值

中和1g油品中的酸性物质所需氢氧化钾毫克数称为酸值。碱值是以中和1g优品种的碱性成分所需的酸量,以与酸等当量的氢氧化钾重量表示。酸值是反映新油油品精制程度的指标。储存和使用中的润滑油酸值变高,表示润滑油氧化变质。酸值大,说明油品氧化严重。

8.残炭

润滑油在不通入空气条件下将油加热,经蒸发、分解,生成焦炭状物质的残余物重量称为残炭,用占试油量的百分比表示,反映控制润滑油精制程度的指标。一般残炭值越高,积炭越多。残炭值高,会堵塞油路,如空压机内形成大量积炭会引起爆炸。残炭量反映油品的使用寿命。

9.腐蚀

腐蚀指润滑油对金属产生的腐蚀程度。一般油品对金属没有腐蚀性,润滑油中对金属起腐蚀作用的物质主要有活性硫化物、低分子有机酸类、无机酸和碱。腐蚀试验是用规定成分和规格的标准金属片(一般用铜片),按规定温度和时间浸泡(100℃,3h)后按变色轻重顺序判断。如产生污点或变色,说明有腐蚀,程度大小按变色深浅来表示。

10.抗氧化安定性

抗氧化安定性指润滑油抵抗氧化变质能力。抗氧化安定性好的油品,不易生成胶质和油泥，能延长使用寿命。精密机床润滑用油、液压设备用油、内燃机等设备的用油要求氧化性能要好。

11.抗乳化性

在规定条件下，使润滑油与水混合形成乳化液，然后在一定温度下静置，使油水分离所需的时间。时间越短，抗乳化性越好，与水接触的润滑油均有此要求。蒸汽轮机和水轮机用润滑油要求抗乳化性要好。

（二）润滑脂的质量指标

1.针入度

在25℃的温度下将质量为150g的标准圆锥体，在5s内沉入脂内深度（单位为0.1mm），即称为针入度。陷入越深，说明脂越软，稠度越小；针入度越小，则润滑脂越硬，稠度越大。它表示润滑脂软硬的程度，是划分润滑脂牌号的重要依据。

2.滴点

将润滑脂的试样，装入滴点计中，按规定条件加热，以润滑脂融化后第一滴油滴落下来时的温度为润滑脂的滴点，表示润滑脂的抗热特性。滴点决定了工作温度，应用时应选择比工作温度高20~30℃滴点的润滑脂。

3.水分

润滑脂含水量的百分比称为水分。脂里水分游离水和结构水，前者是有害成分，此水分过多，会使润滑脂在低温时结冻，使油脂乳化变质，降低润滑脂的机械安定性和胶体安定性，产生严重腐蚀。后者是比较好的结构改善剂，有些脂必须有一定水分才能使润滑脂成型。

4.氧化安定性

氧化安定性指润滑脂抵抗空气氧化作用的能力，脂与空气接触会受到氧化，因氧化作用使其中生成有机酸，特别是低分子有机酸，容易对金属表面产生腐蚀，还产生胶质，影响脂的正常使用。

5.机械安定性

润滑脂在使用中由于机械转动和滑动，受到摩擦副的剪切作用，导致脂的皂纤维结构程度破坏，脂失去正常工作能力，使脂质变稀和流失。这种使润滑脂抵抗机械剪切作用的能力，称为脂的机械安全性。

6.胶体安定性

胶体安定性指润滑脂抵抗温度和压力的影响，而保持胶体结构的能力。胶体安定性差的油脂，油极易从脂中析出。胶体安定性的好坏，是在规定条件下，以"分油"量的百分比表示。分油量大，胶体安定性差。一般机械设备选用润滑油作为润滑材料，但在某些情况下，用润滑脂比润滑油的效果更好，如高速运转产生相当大离心力的机械设备；长期工作又不常换油的运动件；密封良好，易泄露部件；低速、负荷较大及摩擦面粗糙的设备；经常改变方向、速度及负荷而产生较大冲击或振动的设备。

（三）润滑剂选择的因素

1.运动形式与速度

两个摩擦表面相对运动速度高，要选择黏度小的润滑油，选润滑脂时针入度要选大一些。对高速旋转运动副考虑离心力的作用，在温升允许范围内应选黏度较大的润滑脂或针入度较小的润滑脂。往复与间歇运动的速度变化较大，对形成油膜不利，选黏度大的润滑油。对低速重负荷摩擦副，应选黏度大的润滑油或针入度小的润滑脂。

2.工作负荷

工作负荷大，润滑油的黏度选大一些，润滑脂的针入度选小一些。各种油、脂都有一定的承载能力，一般来说，黏度大的油，其摩擦副的油膜不容易破坏。

3.摩擦副的制造精度

对制造精度高、间隙小的摩擦副，应选黏度较小的润滑油，特别是精密机床主轴的轴承间隙，是确定选用润滑油黏度的主要决定条件。对表面粗糙的运动副应选用黏度较大的润滑油或针入度较小的润滑脂。摩擦副材料硬度低的也应该选择黏度较大的润滑油。

4.工作温度

工作环境温度、摩擦副负载、速度、润滑材料、结构等因素，全部最终集中影响到工作温度。当工作温度较高时应采用黏度大的润滑油，选择针入度小一些的润滑脂。

5.润滑装置选用

耗损性人工注油的油孔、油嘴油杯应选用黏度适宜的润滑油；利用油线、油毡吸油的润滑部件，应选用黏度较小的润滑油。稀油循环润滑系统应选用黏度较小，氧化稳定性好的润滑油。集中干油润滑系统应选用针入度较大的润滑脂。

五、润滑材料的消耗定额

设备日常保养润滑材料的消耗定额，指操作人员每班次根据润滑表或润滑图中的位置加入润滑油、脂的消耗量。

（一）润滑部位

立式导轨，连续运动时，每班次加油3次；间断使用时，每班次加油2次；开式齿轮类传动机构，人工加油时，每班次加油2次，用油脂时，每月加入3次；传动丝杠及轴承，经常使用时，每班次加油3次；用旋盖式油杯加入油脂时，每月旋进两个丝扣。

（二）润滑设备

润滑设备可以分车床类、镗床类、磨床类、刨床类、铣床类、齿轮加工车床类、冲床类、铸造设备类、起重运输设备类、电器电机设备类、电加工设备类，进行分类润滑，确定定额。

第三节　设备安全管理

一、设备事故等级及事故性质

不论是设备自身的老化缺陷，还是操作不当或违规违章操作，只要造成设备损坏或发生故障后，影响设备或必须停产修理的都称设备事故。如大功率柴油机的曲轴有砂眼，在长期交变循环载荷作用下，产生了裂纹，导致曲轴断裂，可能造成缸体、活塞等零部件同时损坏，属于设备事故。另外，由于人为因素，产生设备损坏，也属设备事故。

（一）重大设备事故

设备严重损坏，企业多个系统影响生产的程度达到25%，或企业单个系统生产影响程度达到50%。

（二）普通设备事故

设备主要零部件损坏，影响生产，但可以在较短时间内修复并立即恢复生产。

（三）设备小事故

损失小于设备事故，基本不影响生产，很快修复。设备事故发生，将产生损失费用。损失费用包括修复费用、减产损失或停产损失、产品质量影响损失的费用。修复费用包括人工费、材料费、备品备件费用；减产损失是设备发生故障效率下降的损失；停产损失是指设备因维修而不能生产造成的损失。这些费用可以用金钱量化表示，因此，设备事故划分除了以上影响外，还应包括经济损失。

设备事故按照性质分责任事故、质量事故和自然事故。凡是属人为原因引起的设备事故为责任事故，如违反维护规定、维修规定、操作规定、安全规定、野蛮维修、超负荷运转、擅自离开操作岗位、违反加工工艺的事故，如故意违反操作规定损坏设备的，可能是犯罪行为，将追究责任；凡因为设计、制造、安装等原因的事故为质量事故；属于外界因素、自然原因灾害等发生的事故为自然事故。

二、设备安全管理

（一）设备安全的原则

1.灾害预防原则

第一，消除潜在危险原则。以新方式、新成果消除人体操作对象和作业环境的危险因素，最大可能达到安全目的。如以不可燃材料替代可燃材料、改良设备等，是积极、进步的措施。

第二，控制潜在危险数值原则。利用安全阀、泄压阀等控制安全指标，采用双层绝缘工具、降低回路电压等措施达到安全目的。这一原则只能提高安全水平，不能最大限度地达到防止有害或危险因素的目的。

第三，坚固原则。采用提高安全系数、增加安全余量等方法达到安全目的。如提高结构强度，达到保证安全的目的。

第四，自动防止故障的互锁原则。利用机械或电气互锁等措施，达到保证安全的目的。

第五，代替作业者原则。在不能控制或消除有害和危险因素时，可改用机器设备、机械手、自动控制装置等代替人的操作，达到摆脱对人体有害和危险的目的。

2.控制受害程度原则

第一，薄弱环节原则。设备中设置薄弱环节，以最小损失换取设备安全。如电路中熔丝、煤气发生炉的防爆装置等。在有害和危险因素尚未达到危险值前被破坏，换取整个设备的安全。因此这一原则又称为损失最小原则。

第二，屏障原则。在有害或危险因素的伤害作用的范围内设置屏障，以达到人体防护的目的。

第三，警告或禁止信息原则。利用声、光、色标志等，设备中设置技术信息目标，达到人体和设备安全的目的。

第四，距离防护原则。当有害或危险因素的伤害作用随距离增加而减弱时，可采取人体有害或危险因素的方法，提高安全程度的目的。如生产车间的一些设备周围，设置了防护区域。

第五，时间防护原则。将人体处于有害或危险因素的时间缩短到安全限度内。如一些设备现场操作人员的工作时间，严格限制，不能任意延长。

第六，个人防护原则。根据作业性质和使用条件，配备相应的防护用品。目前，企业相当重视职业安全卫生的意识，许多企业还建立了职业安全卫生管理体系。

第七，避难、生存和救护原则。这是控制受害程度的重要内容，很多企业在这个方面非常重视。

（二）设备引起的工伤事故

1.化学性事故

第一，火灾和爆炸。各种可燃、易燃、自然发热性物质、混合危险性物质等引起的灾害。

第二，中毒和职业病。因窒息性气体、刺激性气体、有害粉尘、烟雾、致癌性物质、腐蚀性物质和剧毒性物质等所引起。

2.物理性事故

由于各种放射性射线、声波、高气压、高温和低温、震动等造成的事故，如放射性损害、烫伤、冻伤、中暑和神经症等。

3.机械性事故

主要由动力机械、加工机械、运输机械和车辆引起的伤害，设备运动部件造成人员现场压（夹）伤、压（夹）死等，以及梯子、脚手架所引起的跌落事故，物件飞落、搬运重物造成的砸伤、扭伤事故均属此类。

4.电气性事故

由于电气设备和输电线路漏电等，或电气人员操作不当、违章操作引起触电和电气火灾。[①]

三、设备事故处理

设备事故发生后，企业应积极组织抢救与维修，缩小事故范围，保障人身安全，并立即报告当地生产安全监督管理部门。

企业处理设备事故采取"四不放过"原则，即设备事故原因没有分析清楚，不放过；事故责任人没有处理，不放过；设备责任者与设备人员或企业全员没有吸取教训，不放过；没有采取防范措施，不放过。发生事故后，必须分析，严格程序，从中吸取教训。一般事故由设备部门组织设备人员，分析事故原因。如事故典型，由企业负责人，组织全企业相关部门、人员，共同分析设备事故，采取相应措施。

设备事故处理要及时，事故分析须及时，原始资料完整，分析原因依据充分，采取防范措施有效；现场保护，事故发生后保护好现场，不能移动或接触事故部位的表面，以免产生虚假的现场材料；事故环境，分析设备事故时，了解设备本身状况外，详细观察设备周围的环境，如供电问题、排污问题、其他原因等，向了解情况的人询问更多的真实情况；不能轻易现场拆卸设备，事故现场分析时，如需拆卸设备部件，应认真分析结构、装置，防止拆卸再次产生新的损伤或设备机构变形；客观分析，分析设备事故时，不能仅凭经验、主观推断，要根据监测和调查的资料、数据，认真分析或请专家分析论证后，得出客观结论。

如设备事故涉及起重机械、电梯、压力容器类特种设备，必须立即报告当地的质量技术监督局，分析事故原因，采取措施。

---

①赵霄雯.机电类特种设备安全管理与分析[M].长春：吉林科学技术出版社，2021.

第四节 设备检修的基本要求

一、设备检修的目的

设备日常使用中，因外部负荷、内部应力、磨损、腐蚀和自然侵蚀等因素影响，使个别部位、零件或整体改变了尺寸、形状、机械性能等，生产能力下降、精度达不到工艺要求、原料和动力消耗增加，产品质量下降，甚至产生设备和人身事故，这是设备的技术劣化规律。

由于生产需要设备运转连续，使得磨损严重、腐蚀性强、压力大、温度高或低等级不利的条件下运行，维护检修更为重要，检修可使设备经常发挥效能，延长设备的使用周期。为使设备能经常处于良好状态，必须对设备适度有效地检修和日常维护、保养工作，这可发挥设备潜能，也是设备管理的基本工作。

二、设备功能与时间的关系

由于上述的内外部原因，设备运行一段时间后，功能逐渐劣化，尤其是传动设备、工业热处理炉窑、受腐蚀严重的设备。设备能力下降、工艺指标与精度达不到合理要求、消耗上升、可靠性降低，由于技术发展更新快，控制系统技术劣化，也导致设备总体效能下降。

设备运行一段时间后，功能下降，通过维修才能恢复原有功能；用维修手段恢复功能是有限的，无法达到原有的技术水平；若将运行与检修看成循环运动，这个运动以螺旋形下降，其半径逐渐减小，形成圆锥形；设备功能下降的速率，与使用、维护、检修质量密切相关，计划检修在设备使用中，显得非常重要；设备检修要结合大修，设备改造后，总功能可能超过原来的出厂性能，但这种检修或维修成本也很大，应当认真分析研究，在检修与新购设备进行决策。

三、检修的体系与原则

(一) 检修的体系管理

第一，检修技术管理。包括检修方式研究、维修保养的组织、性能分析、故障分析、平均故障周期分析、改善维修分析、更新改造分析等，还有项目管理、润滑管理、图纸资料管理、标准化管理、技术经济分析，与设备有关的环保管理、职业安全卫生管理等。

第二，检修计划管理。包括施工计划、外购件管理、委外项目管理、检修作业管理、工程施工管理、质量管理等。

第三，检修器材与备件管理。包括管理方式、购买计划、订货管理、备件计划、进货验收与入库、库存管理、备件的标准化等。

第四，检修经济成本管理。包括预算计划编制、工程决算、审计、评价，成本核算与分析。

第五，检修的效果评价。包括评价方式、检修费、事故损失与评价、维修保养的数据统计、档案、台账，效果评价与考核。[1]

(二) 检修的原则

1.预防为主、维修保养与计划检修并重

维护保养与计划检修工作都是贯彻预防为主方针的重要手段，要维护好设备，必须贯彻这一原则。维护保养与计划检修相辅相成。设备维护保养得好，就能延长修理周期，减少修理工作量。设备计划检修得好，维护保养也就容易。

2.生产为主、维修为生产服务

生产经营活动是企业的主要活动，设备检修、维修必须围绕生产、产品、质量、经营开展工作。但企业不能因生产忽视维修，设备是生产的重要物质基础，只有妥善保养，使设备经常处于完好状态，生产才能正常。如片面强调当前的生产任务而拼设备，造成设备损坏，企业成本很大。因此，必须处理好生产与维修的关系。当设备需修理时，生产部门就必须与维修部门配合，安排生产计划时，协调好维修计划。维修部门则须在保证维修质量的条件下，尽量缩短停机时间，使生产不受或少受影响。

---

①刘艳艳，张井彦.轨道车辆机电设备检修[M].北京：北京理工大学出版社，2019.

3.专业修理为主,专业修理与全员维护相结合

专业检修人员应十分清楚设备的结构、性能、精度,掌握修理技术和手段,但与现场的操作人员相比,不如他们更清楚设备在运行中的具体状况。操作人员操作设备,非常了解设备的使用特点,但不熟悉设备的结构原理和检修技术,缺少专业知识。因此,维修工作必须专业修理与全员维护相结合,取长补短,但专业人员在检修设备中必须发挥主导作用。

4.勤俭节约,修旧利废

在保证设备维修质量和有利技术进步前提下,要开源节流,努力降低修理费用。设备检修中,应积极采用新技术、新工艺、新材料,不能一味强调修,根据实际状况,维修成本太大的设备或部件,可以淘汰。

四、检修方式

对不同企业,因规模、生产特点、产品性质、设备数量、复杂系数等因素,检修制度应结合实际。有的是批量生产,运行一段时间即停机;有的设备不能停机,如炼钢厂设备;有的则开开停停,因此检修方式各不相同,要分类检修。

这种检修方式,在技术上保证各类设备满足生产需要,经济上合理,可节约资金,既考虑了维修成本,又保障了设备安全、可靠运行。

(一)日常维护保养

日常维护保养对设备运行十分重要,即用较短的时间、最少的费用,及早发现处理突发性故障,及时消除影响设备性能、造成生产质量下降问题。

(二)事后修理

事后修理指设备运行中发生故障或零部件性能老化严重,为改善性能进行的检修活动。事后修理指在设备由于腐蚀、磨损,已经不能继续使用时进行的随坏随修。对结构简单、数量多可替代、容易修理、故障少的修理可采用。

事后修理的主要优点是能充分利用零部件的寿命、修理的次数可减少。主要缺点是修理停机时间长,牺牲了较多的设备工作时间;故障发生随机,扰乱了生产计划,妨碍了连续生产;常常因为生产继续而抢修,修理过程的急件、备件的加工,难以尽快保证,维修加工成本高;修理准备工作仓促,

无计划性，可能导致修理过程中的资源调配不合理。

（三）检查后修理制

检查后修理制其实质是定期对设备检查，再决定检修项目和编制检修计划。企业中普遍采用，但在企业检测技术水平不高、检测手段落后时，必须有较高水平的操作、检修人员负责设备检查工作，才能得到满意的效果。这种修理方式比事后修理制好一些，但不能在事前较完善地制订检修计划、做好设备的检修准备工作。

（四）计划预检修制

以预防为主、计划性较强，比较先进的检修制度，适于企业中对生产有直接影响的 A、B 类设备和连续生产的装置。

计划预检修制的，根据设备运行间隔时间制订，因此，设备故障发生前就进行检修、恢复性能，延长了设备使用寿命。检修前要做好充分准备，如编制计划、审定检修内容、准备备品备件、材料及人力、机具的平衡等，保证检修工作的质量和配合生产计划安排检修计划。

五、计划检修的种类及内容

计划检修是 20 世纪 50 年代从苏联引进并推行的维修制度，是有计划地维护、检查和修理，保证设备始终处于完好状态，能保证生产计划的连续性。在用的生产设备根据技术劣化规律，通过资料分析、确定检修的间隔时间，以检修间隔周期为依据，编制检修计划，对设备进行预防性检修。

（一）小修

小修是计划修理工作中工作量最小的一种修理。针对日常点检和定期检查中发现的问题，拆卸部分零部件进行检查、整修、更换或修复少量的磨损件。通过检查、调整、紧定机件等技术手段，恢复设备的使用性能。

（二）中修及项修

中修是计划修理工作中工作量介于大修和小修之间的一种修理，包括小修内容。中修时，须进行部分解体。这种修理类别目前基本上为项修所替代，中修有时也称项修。

项修即项目修理，是针对修理，是根据设备实际技术状态，对设备精修、性能达不到工艺要求的某些项目，按实际项目需要进行针对性的修理。

项修的工作量视实际情况而定。

项修是在总结我国计划预修制经验教训的基础上，学习国外先进经验，在实践中不断改革而产生的。过去实行的计划预修制中，往往忽视具体设备的制造质量、使用条件、负荷率、维修优劣等具体差异，按照统一修理周期结构及修理间隔期安排计划修理，就产生了弊端。

第一，有些设备尤其是大型设备使用年限虽到大、中修期，但只有某些项目丧失精度，如通用车床只用于车内、外圆而从不车螺纹，万能铣床只作立铣而不作卧铣，万能铣床只能磨外圆等。这些机床如照搬修理周期结构而进行大、中修理，就需将通用车床更换大丝杠，将万能铣床修理刀杆支架轴承等，就产生过剩修理，造成浪费。

第二，设备某些部位技术状态已劣化到难以满足生产工艺，但因未到修理期而不安排计划修理，造成失修。项修可避免上述弊端。

（三）大修

大修是计划修理工作量最大的修理。大修以全面恢复设备工作能力为目标，由专业修理工人进行。为提高设备的技术水平和综合功能，大修时，同时对设备进行技术改造，或将设备大修的一些项目纳入技术改造范畴。

（四）定期检修

定期检修是根据日常点检和定期检查中发现的问题，拆卸零部件，进行检查、调整、更换或修复失效的零件，恢复设备正常功能。工作内容介于二级保养与小修之间。因比较切合实际，目前已取代二级保养与小修。

六、计划检修定额

（一）设备的检修周期

设备的检修周期是编制检修计划的依据。检修停机时间，设备检修所需的停车时间，包括生产运行和检修前卸载、空车的时间；检修时间，检修所需的时间，包括检修准备、检修过程、修理后的调试时间；检修周期，对已经使用的设备，两次相邻大修之间的工作时间，对新设备，是从投产起到第一次大修的工作时间，在一个检修周期内，可进行多次项修和小修；检修间隔时间，指两次相邻修理之间设备的工作时间，此处修理包括大修、项修和小修，设备检修时间长短，要根据设备构造、工艺特性、精度、使用条件、环境和生产性质决定，主要取决于设备使用期间的零部件的磨损、腐蚀程度。

（二）修理复杂系数

设备种类繁多，难以决定各种修理定额，可根据设备的复杂程度，假定一个系数，称设备的修理复杂系数，据此可确定设备检修的各种定额。确定设备修理复杂系数，是很烦琐的基础工作，应熟悉设备结构与功能。

1.计算法

根据设备技术规格、结构特性、集合尺寸等因素，运用公式计算求得。此法在企业中广泛应用，优点是计算方便，只需查阅有关技术资料，根据预先制订的统一公式计算。使所求复杂系数不受地区和行业的限制。

用计算法求修理复杂系数只限于通用设备，对专用设备很难用公式计算复杂系数；新技术采用，设备更新快，特别是控制系统的复杂程度，难以准确计算。

2.比较法

第一，整机比较法。为便于比较，企业积累多年的比较法以大修理中钳工实耗工时来比较。因修理类别多，只有大修理内容在各类设备比较中最为合适。此法较方便，但精确度差。

第二，部件比较法。有的设备不便于整机比较，可进行部件比较。如组合机床或设备的液压部分用此法累计确定。控制系统的维修，可以采用这种方法。

第三，修理工时比较法。此法是将某些设备大修理所耗用的实际钳工修理工时和规定的每个设备修理复杂系数工时之比求得，此法比较切合实际，但不能在新设备验收后立即确定；此法确定复杂系数很方便，但如对设备技术、结构、专业知识等不了解，制定修理复杂系数将偏差很大。

第四，修理复杂系数的作用。可用来表示企业或车间设备修理工作量，确定设备管理组织结构、配备适当的维修设备和人员；从各企业的平均修理复杂系数中，可看出设备的复杂程度；编制维修计划时，可用来估算所需的备件、劳动工时、材料消耗、修理费用及停机时间等；但修理复杂系数只反映设备的一个方面，不能完全根据这个系数、按数学方法简单测算设备的修理定额，只作参考。

（三）设备检修定额

1.检修工作量定额

根据企业设备管理的具体情况而定，如设备磨损程度、腐蚀程度，需修理的内容、加工零部件数量、零件复杂程度等，还要考虑企业技术人员的专业结构配备、维修水平等。特别要根据企业的特点，合理确定检修工作量。

2.检修间隔期定额

相邻两次检修之间的时间间隔，取决于生产性质、设备的构造、操作工艺、工作班次和安装地点、设备的老化程度等。一般而言，设备大修间隔时间为1~3年。

3.检修工时定额

检修工时的长短主要根据设备结构、设备修理复杂系数、设备检修的工艺特点、检修工技术水平，工具、机具及施工管理技术等，各企业设备检修工时定额不相同。由于企业中设备种类多、复杂程度不同，检修定额确定很复杂。企业中，根据积累与经验，确定比较实用的办法。

经验估计法，总结本企业实际经验基础上，结合修理要求、材料供应、零部件配套、技术水平、组织水平等综合确定，一般适合于多次维修的项目或新项目；统计分析法，对经验的统计测算，利用多年积累的同类维修内容整理统计确定，适合于修理条件稳定、工艺成熟的维修；技术测定法，在分析修理过程中，对各条件及因素可以量化考核的项目，适于技术成熟、组织稳定的修理内容；类推比较法，根据同类修理工序类比，推算出另一工序的定额，适于修理工序多、工艺变化大的修理内容，必须有以前的修理定额、消耗工时、有关标准等资料。

4.修理停机定额

从停车开始，完成设备的修理，到调试合格交付生产前的全部时间。

5.维修费用定额

维修费用定额分维护费用定额和修理费用定额，前者指一个复杂系数每班每月维护设备所需费用；后者是每个复杂系数进行修理所需费用，中、小修费用定额包括维修工人的工资、材料及备件费、协作费、动力费、车间经费（办公费、差旅费、运输费、折旧费、工具费、劳保费、工资等），大修还包括分摊的企业管理费。

6.修理材料定额

修理材料定额指一台设备检修中需要的材料与设备复杂系数之间的关系，设备复杂系数大，修理需要的材料多。

第五节 设备检修的施工管理与备件管理

一、施工管理

设备检修施工管理指对设备维修活动中的安装、调试、维护、检查、修理、改善等施工的计划和管理活动。主要内容有维修施工计划、作业计划、工时计划、委外计划和修理中的质量控制等。设备维修施工管理的目的，按质按量进度完成维修任务，并将维修费控制在最低程度，备件控制在合理范围内。[①]

（一）检修项目类型及施工分类

1.计划性项目

计划性项目包括定期预防检修中的大修、项修、小修、定期检修、定期检查、定期维护等。这些项目任务可以预见，可以编制施工计划和作业计划。

2.突发性项目

突发性项目包括故障修理和紧急修理等。这种任务随机发生，只能作出短期进度安排。

3.计划检修施工

计划检修施工是通过检查设备等方法而被确定列入计划的施工。这种工程预先就规定了维修的日期，并且检修日期也比较充裕。

4.紧急施工及预定施工

紧急检修施工针对突发性工程，如无备用设备，就需抢修；预定施工尽管是预定的施工，但并未规定具体维修日期，只要求在一定时期内完成。

（二）检修施工日程计划和管理

检修施工日程计划和管理方法与一般生产基本相同，但有特殊性，如工

---

①王振成，张雪松.机电设备管理故障诊断与维修技术[M].重庆：重庆大学出版社，2020.

程一次性、复杂性、差异性、突发性等原因，使工时估算和日程安排估算难以准确。近年来采用现代化管理方法，如在日程计划中应用计划评审法和关键电路法等。

1. 日程管理

为使修理工程按计划日程进行，对工程进度的管理称日程管理。检修工程中，因修前计划考虑不周或受外因干扰，如不能按原定日期完成，需及时调整日程进度。要求日程管理具有一定的灵活性，即在掌握各项工程进度时，当发现必须改变原有日程的事态时，重新安排计划。

2. 工作量合理分配

为准确实现日程计划中规定的劳动力负荷而配备适量的维修作业人员或安排加班等，必须合理分配安排检修工作量。为维持已定的日程计划，还需正确执行已制订的工作计划。作业分配时，要求工程所需技术水平应与专业配合、与修理作业人员能力相适应。

3. 委外修理管理

委外修理管理是对一些检修项目需由外单位承担进行管理。通常修理工作量大，涉及面广、专业性强，如全部修理工作由本企业承担不适宜，尤其是中、小型企业。就需将修理工程委托给其他厂家，采取外包形式。当然，对紧急工程、保密工程及特殊技术的工程等不便外包的工程，就依靠本企业维修人员。

（三）检修管理

1. 检修技术基础工作

（1）设备检修技术资料管理

设备技术资料是搞好设备检修和制造工作的重要依据，直接影响设备维修的进度和质量，加强技术资料管理至关重要。设备维修主要技术资料包括设备说明书、设备修理资料手册、设备修理工艺规定、备件设计与制造工艺、修理质量标准及其他技术资料等。资料来源包括购置设备时随机提供的技术资料；自行设计、绘制和编制的材料等。

（2）技术资料管理内容

规格标准，包括有关的国际标准、国家标准、行业标准及企业标准等；图纸资料，包括设备制造图、维修装备图、备件图册及有关技术资料；平面布置图，企业内各种动力站房设备布局图及动力管线网图；工艺资料，包括修理工艺、零件修复工艺、关键制造工艺、专用工量夹具图纸等；修理质量标准和设备实验规程；一般技术资料，包括设备说明书、研究报告书、实验数据、计算书、成本分析、技术资料、有关文献、技术手册、图书资料等。

（3）图纸管理

收集，各单位需外购的资料及本企业自行设计的设备图纸，统一由设备部门负责管理，新设备进厂、开箱后，收集随机带来的图纸资料，由设备部门资料室负责编号、复制和供应；进口设备资料需组织翻译工作；测绘，设备采购后，设备制造厂基本提供常用的维修资料与图纸，但有些设备，特别是进口设备，图纸资料往往在设备修理时测绘，并通过修理实践，再整理、核对、复制存档，以备以后制造、维修和备件生产时使用；审阅，对设备开箱时随机带来的图纸资料、外购图纸和测绘图纸，应有审核手续，如发现图纸与实物有不符，必须做好记录，再在图纸上作修改；保管，所有入库图纸必须经过整理、清点、编号、装订、登记，按技术档案管理规定进行保管；图纸资料借阅按规定借阅手续办理；图纸应存放在设有严密防灾措施的安全场所。

2.修前技术准备工作

修前技术准备工作，前面已经介绍了，再提一点，在修前有委托方与承修方根据《中华人民共和国民法典》及相关规定签订修理技术任务协议，主要内容包括修理项目、修理方式、技术要求、质量标准、验收方法、修理价格等。修后双方即按协议要求验收。

3.修理质量标准

设备修理质量标准是衡量设备整机技术状态的依据，包括修后应达到的设备精度、性能指标、外观质量及安全环境保护等要求。设备性能指标按设备说明书的规定，设备的几何精度及工作精度按产品工艺要求制订标准，设备零部件修理装配、总装配、运转试验、外观等的质量要求，在修理工艺和设备修理通用技术条件中加以规定。

以出厂标准为基础，修后设备的性能和精度应满足产品、工艺要求，并有足够的精度储备；对整机有形磨损严重，或多次大修难以修复到出厂精度标准的设备，可适当降低精度，但仍应满足加工产品和工艺要求。标准的内容主要包括修后应达到的设备外观质量、空运转试验、负荷实验、集合精度、工作精度以及安全环保等规定。控制系统与液压系统的维修质量，要保证选用的元器件符合要求，安装规范，调试满足设备的要求。

4.磨损零件的更换原则

（1）技术要求

修理后零件保持原有技术要求，如尺寸公差、几何公差、表面粗糙度、硬度等；修理后零件必须保持或恢复足够的强度和刚性；选择修复或更换方案时，考虑修复工艺水平。

（2）经济要求

比较修复或更换哪种方案更经济。比较时不但要考虑修理费用和制造费用，还需考虑两者的使用年限，选用费用与使用期限比较小的为合理方案。

（3）时间要求

修理后的零件耐用度至少要能维持一个修理间隔期。

5.新技术应用推广及质量检查

先进技术在设备中得到不断应用。新设计、新技术、新工艺、新材料促进零件修复技术的不断提高。常用的修理新技术有耐磨锥焊和振动锥焊；电镀与刷镀；热喷涂与喷焊，包括氧—乙炔火焰粉末的等离子技术等；胶接、胶补和胶粘技术；金属扣合修复技术，包括波形键扣合法、加强块扣合法等；管道带压密封与分子金属修复技术等。修理工作中应尽可能掌握先进的修复技术。

设备修理完毕后，要组织检查和验收。为保证修理质量，企业应拟订设备修理验收标准，对具体的某一台设备维修验收，还要根据验收标准制定验收内容。制定验收内容的前提是对设备修理与管理流程非常熟悉，对设备性能很了解，包括验收设备的精度、性能和加工质量等。

6.检修成本管理

（1）成本管理的途径

第一，设备投入的前期管理。设备的添置必须进行可行性调研与分析，自行设计加工的设备，要注重设计环节，严格控制加工质量。如果是市场采购设备，就必须选用可靠性高、可修性好、性能、精度优的设备。前期管理将影响整个设备使用周期的成本。

第二，合理使用设备。制定设备管理制度，现场操作人员正确操作设备、合理使用设备、精心维护设备，防止设备出现不正常的磨损与性能下降。对设备的使用过程严格考核。

第三，推行点检工作。要求操作人员做好日常点检，维修人员进行定期点检，早日发现设备的故障隐患，减少检修工作量。

第四，运用监测和诊断技术。运用监测和诊断技术，实行状态监测维修，保证设备在必要的时间进行适当维修，节约维修成本。

第五，新工艺、新技术的应用。检修中，根据设备状态与经济性，采用新工艺、新技术、新材料，选用合理的维修方式。

第六，资源管理。包括制定合理有效的维修定额、考核方式，合理配置设备管理、维护维修人员，专业分工、配备协调等综合管理。

（2）检修的费用管理

第一，费用构成。设备检修，企业内部核算时，检修费用构成有物料费，包括维修任务中的各种原材料及备件；劳务费，包括人员成本费，承包项目的人员费用，含税金、工资、提取的职工福利基金和保险；燃料和动力费；车间经费，车间为开展检修工作花费的所有费用，包括管理费、运输费、折旧费、维修费、劳保费、工具费、消耗材料费、旅差费等。

第二，车间维修费用管理。按修理复杂系数计算，按设备分类的单位修理复杂系数年维修费用定额，乘上各分类设备的修理复杂系数（机械、电气、分别计算），由于各车间设备构成及生产任务不同，单位修理复杂系数费用定额应分别制订和计算；按经验估算，根据历史统计资料计划维修材料耗资费用，加工预计维修工时费用包括计划修理、故障修理和维护进行估算；按产品产量计算，也可按照产值、设备运转千台时计算，即按单位产品维修费用乘以计划产量，这种方法适用于产品批量较大，且生产较为均衡的车间。

二、备件管理

设备维修使用的零部件，称配件；为缩短修理停歇时间，根据设备磨损规律和零件使用寿命，将设备中容易磨损的零部件，事先加工、采购和储备好，事前按一定数量储备的零部件，称备件。备件管理是维修工作的重要部分，科学合理地储备备件，及时为设备维修提供优质备件是设备维修的物质基础，可缩短设备停休时间、提高维修质量、保证修理周期、完成修理计划、保证生产。

（一）备件分类

1.按零件类别

机械零件，指构成某一型号设备的专用机械构件，可由企业自行生产制造，如齿轮、丝杠、轴瓦、曲轴、连杆等，现在市场专业细化，供应充分，可以在相关机械加工企业配合加工；标准件，属配套零件，通用于各种设备的由专业生产厂家生产的零件，如滚动轴承、液压元件、电器元件、密封件等，此类标准件的采购，方便及时、成本低。

2.按零件来源

自制备件，企业自己设计、测试、制造的零件，属机械零件范畴，一般有一定规模的企业，具备精加工车间，可自行加工设备维修部件与零件；外购零件，指标准化产品、由专业生产厂家生产的零件均系采购备件，由于企业自制能力限制和考虑成本，许多机械零件如高精度齿轮、机床主轴、摩擦片等采用外购。

3.按零件使用特征

常备件，指经常使用、设备停机损失大和单件成本不大需经常保持一定储备量的零件，如易损件、消耗量大的配套零件等，如常用的电器元件、轴承等；非常备件，是使用频率低、停工损失小、单价很高的零件，按筹备方式分计划购入件和随时购入件，前者根据修理计划，预先购入做短期储备的零件，基本难以紧急采购；后者修前可随时购入的零件。

4.按备件精度和制造复杂程度

关键件，一般指设备中的关键零部件，包括高精度齿轮、精密蜗轮副、精密镗杆或主轴、精密内圆磨具、2m及以上的丝杠和螺旋伞齿轮；控制系统中的关键传感器、控制单元、执行元件，液压系统中的高精度、大流量伺服阀等，各企业在设备维修备件管理中确定的关键件，根据自身因素考虑；一般件，除上述关键件以外的备件。

还可有其他分类，如按专业类分，可分机械类备件、电气类备件；按材料特性分，可分金属类备件和非金属类备件。不同的分类，主要为管理带来方便，如储存、采购等。

（二）备件管理的目标与任务

1.备件管理的目标

备件管理的目的是用最少的备件资金，合理、经济、有效地库存储备，保证设备维修需要，减少设备停修时间。将设备突发故障所造成的生产停工损失减少到最低程度；将设备计划修理的停歇时间和修理费用降低到最低程度；将设备库储备资金压缩到合理供应的最低水平。根据市场调研，对有些备件可实现市场及时调配，做到零库存；备件管理方法先进，信息准确，反馈及时。满足设备维修需要，经济效果明显。

2.设备管理的主要任务

第一，备件保管。建立相应的备件管理及设施，科学合理地确定备件储备品种、储备形式和储备定额，做好备件保管供应工作；根据企业特点，确定备件保管的合理方式，如关键件采购保管好并库存合理，不能库存太大，保证库存安全。

第二，及时提供维修备件。及时有效地向维修人员提供合格的备件，做好维修备件基础工作，重点做好关键设备备件供应，确保关键设备对维修备件的需要，保证关键设备的正常运行，减少停机损失。

第三，市场信息收集和反馈。注意收集市场信息，包括备件生产加工企业的质量、服务、价格、交货时间等，及时反馈给备件技术人员，做好备件使用的信息收集和反馈工作，以便改进和提高备件的使用性能。备件采购人员随时了解备件货源供应、供货质量，及时反馈给备件计划员，以便修订备件外购计划。

第四，合理库存。在保证备件供应前提下，尽可能减少备件资金占用量，提高备件资金周转率；影响备件管理成本的因素有备件资金占用率和周转率，尽量减少长线备件库存，随时能采购的备件，不大量采购；减少库房占用面积，合理划分仓库保存区域，摆放有序；合理减少备件库管理人员数量，减少用人成本；严格控制备件制造采购质量和价格，备件进库前必须进行数量与质量验收，价格由多个部门配合、严格把关。

（三）备件管理的内容

1.备件技术管理

备件技术管理包括技术基础资料收集与技术定额的制定，前者包括备件图纸收集、测绘、整理、备件图册的编制；后者包括备件统计卡片和储备定额等基础资料的设计、编制及备件卡编制。

2.备件计划管理

备件计划管理指备件由提出自制计划或外协、外购计划到备件入库这一阶段的管理。现在社会综合服务功能强，市场服务质量高，常用备件管理不再过分强调计划性，但对于专用设备备件、难以采购的配件，可合理制定备件计划，要注意库存与维修的关系，不能造成资金利用太大。

3.备件库房管理

备件库房管理指从备件入库到发出这一阶段的库存控制和管理。备件入库时通用备件要验收，查看名称、数量、型号、技术参数等。重要备件要质量检查，按要求清洗、涂油防锈、包装、登记上卡，上架存放。库房保持清洁、安全，特别要符合消防规范；对所有库存备件要统计，建立库存信息。

4.备件统计与分析

备件的经济核算与统计分析工作，包括备件库存资金核定、出入库账目管理、备件成本、备件消耗统计和备件各项经济指标的统计分析等。

（四）确定备件的原则和方法

1.确定备件的原则

设备管理中，为保证设备维修及时、合理，企业总要确定维修备件。确定备件品种具有技术性和经济性，即掌握设备维修的内容，测算库存合理成本。

应列入备件库存的：各种配套件，包括滚动轴承、皮带、料条、皮碗油封、液压元件和电器元件等；小型传动件，包括主要负载而自身有较薄弱的零件，如小齿轮、联轴器等；易耗件，包括经常摩擦而损耗较大的零件，如摩擦片、滑动轴承、传动丝杠副等；高精度零件，包括保持设备主要精度的重要运动零件，如主轴、高精度齿轮和丝杠副、蜗轮副等；复杂加工件，制造工序多、工艺复杂、加工困难、生产周期长、需外协的复杂零件；易腐蚀件及关键件，高温、高压及有腐蚀性介质环境下工作，易造成变形、腐蚀、破裂、疲劳的零件，如热处理用底板、炉罐等；生产流水线上的设备和生产中的关键设备，应储备更充分的易损件或成套件；按设备说明书中所列出的易损件。

由于各企业性质及具体情况，备件管理除在确定备件储备品种时应考虑上述备件储备原则外，还应结合本企业实际，不断积累资料，总结经验，合理管理备件。

2.确定备件品种考虑的因素

第一，零件结构特点与运动状态。结构状态分析法是对设备各结构和运动状态进行技术分析，判明哪些零件经常处于运动状态，受力情况，容易产生哪些磨损，磨损后对设备精度、性能和使用的影响，以及零件结构、质量、易损等因素。再与确定备件储备品种原则结合，综合考虑，确定储备的备件项目。

第二，技术统计分析。对企业日常维修、项修和大修更换件的消耗量统计和技术分析，通过对零件消耗找出零件消耗规律。在此基础上，与设备结构、确定备件储备品种原则结合，综合分析，确定应储备的备件品种。

第三，设备备件手册。适用通用设备，可查阅参考各行业的设备备件手册、轴承手册和液压元件手册等资料，结合实际情况及前两种方法，确定备件储备品种。

（五）储备形式

1.备件储备管理

按备件储备管理要求及特点，可集中储备或分散储备管理。前者将所有备品备件统一有计划地管理，集中调配，减少库存；后者各生产车间或分厂自行管理，如对经常使用的零部件建立二级库备件管理；分散储备使用备件方便、及时，但为保证库存量与品种，成本增加。

2.备件储备形式

第一，成品储备。设备修理中有些备件要保持原来尺寸，可制成或购置成品储备，有时为延长某一零件的使用寿命，可有计划有意识地预先将相关配合零件分若干配合等级，按配合等级将零件制成成品储备。如活塞与缸体及活塞配合可按零件强度分成两三种配合等级，再按配合等级将活塞环制成成品储备，修理时按缸选用活塞环即可。

第二，半成品储备。有些零件须留有修理余量，以便修理时进行尺寸链的补偿，如轴瓦、轴套等可加工余量储备，也可粗加工后储存；再如与滑动轴承配合的淬硬轴，轴颈淬火后不必磨消而作为半成品储备等；半成品备件储备时要考虑到制成成品时的加工尺寸。储备半成品是为缩短因制造备件而延长停机时间，也为在选择修配尺寸前能预先发现材料或铸件中的砂眼、裂纹等。

第三，成对或套储备。为保证备件的传动和配合效果，有些备件必须成对制造、保存和更换，如高精度丝杠副、蜗轮副、镗杆副、螺旋伞齿轮等，为缩短设备修理的停机时间，对一些普通备件也进行成对储备，如车床走刀丝杠和开合螺母等。

第四，部件储备。为快速修理，可将生产线的设备及关键设备的主要部件，制造工艺复杂、技术条件要求高的部件或标准部件等，根据具体情况组成部件适当储备，如减速器、液压操纵板、高速磨头、金刚刀镗头、吊车抱闸、铣床电磁离合器等。部件储备属于成品储备的一种形式。

第五，毛坯储备。机械加工量不大及难预先决定加工尺寸的备件，可以毛坯形式储备，如对合螺母、铸铁拨叉、双金属轴瓦、铸铜套、带轮、曲轴及关键设备的大型铸锻件，以及有些轴类粗加工后的调制材料等，采用毛坯储备形式，可省去设备修理中等待准备毛坯时间；根据库存控制方法，储备形式分经常储备和间断储备，前者对于易损、消耗量大，更换频繁的零件，需经常保持库存储备量；后者对磨损期长，消耗量小、难以及时采购、成本高的零件，可根据设备状态监测情况或设备运行周期经验，发现零件有磨损和损坏征兆时，或预计可能损坏时，提前订购或自行加工储备。

（六）备件出入库管理

备件出入库管理是一项复杂而细致的工作，是备件管理工作的重要部分。制造或采购的备件，入库建账后应按程序和有关制度认真保存、精心维护，保证备件库存质量。通过对库存备件的发放、使用动态信息的统计、分析，摸清备品配件使用的消耗规律，逐步修正储备定额，合理储备备件。及时处理备件积压、加速资金周转。

备件入库，入库备件必须逐件核对验收，入库备件要保存好、维护好，登记账目、账物一致、账账一致，按要求保管和检查，定期盘点，随时反映备件动态；备件发放，须凭领料票据，对不同备件，制定领用办法和审批手续，领出备件要办理相应的财务手续，备件发出后要及时登记和销账、减卡；备件处理要求，因设备外调、改造、报废或其他客观原因本企业已不需要的备件，及时销售和处理，报废或调出备件必须办理手续。

（七）备件库组织形式与要求

1.备件库的分区存放

分区存放要根据企业的管理形式、规模，不强调形式，突出使用方便，备件库的存放形式有所不同。综合备件库，将所有维修用的备件如机床备件、电器备件、液压元件、橡胶密封件及动力设备用备件都管理起来，集中统一管理，避免分库存放，对统一备件计划较为有利；机械备件库，保存机械备件如齿轮、轴、丝杠等机械零件，形式较单纯，便于管理，但修理中所常需更换其他类的备件如密封件、电器等零件，需从其他备件库领取；电器备件库，储备企业设备维修用的电工产品、电器电子元件等；毛坯备件库，主要储备复杂铸件、锻件及其他有色金属毛坯，缩短备件的加工周期，适应修理需要。

2.设备库房及要求

备件库结构应高于一般材料库房的标准，干燥、防腐蚀、通风、明亮、无灰尘、防火；备件库的建造面积，一般达到每个修理复杂系数 $0.02\sim$ $0.04m^2$；配备有存放各种备件专用货架和一般的计量检验工具，如磅秤、卡尺、钢尺、拆箱工具等；配备有存放文件、账卡、备件图册、备件文件资料的橱柜；配有简单运输工具（如三轮车）及防锈去污的物资，如器皿、棉纱、机油、防锈油、电炉等。

参考文献

[1] 巴鹏，马春峰，张秀珩.机械设备润滑基础及技术应用[M].沈阳：东北大学出版社，2019.

[2] 崔婷.机电设备管理的信息化技术应用效果研究[J].中国高新科技，2021（07）：62-63.

[3] 董爱梅.机电一体化技术[M].北京：北京理工大学出版社，2020.

[4] 黄伟.机电设备维护与管理[M].北京：机械工业出版社，2018.

[5] 荆学东.机电一体化系统设计[M].上海：上海科学技术出版社，2023.

[6] 李景湧.机械电子工程导论 [M].2 版.北京：北京邮电大学出版社，2017.

[7] 李晓博，李刚，李小兵，等.极坐标数控机床的设计[J].机械制造，2023，61（08）：57-60+56.

[8] 李正祥.煤矿机电设备管理[M].重庆：重庆大学出版社，2010.

[9] 刘向虹，王辉，张磊.机械电子工程系统设计与应用[M].长春：吉林人民出版社，2021.

[10] 刘艳艳，张井彦.轨道车辆机电设备检修[M].北京：北京理工大学出版社，2019.

[11] 吕栋腾.机电设备控制与检测[M].北京：机械工业出版社，2021.

[12] 祁文俊，丁涛.对选煤厂设备管理模式的探讨[J].中小企业管理与科技，2011（24）：185-186.

[13] 王朕，秦亮，张文广，等.电子设备故障诊断与维修技术[M].北京：北京航空航天大学出版社，2018.

[14] 田晓春.安全员上岗必修课[M].北京：机械工业出版社，2020.

[15] 汪永华，贾芸.机电设备故障诊断与维修[M].北京：机械工业出版社，2019.

[16] 魏志刚.机械设备故障诊断技术[M].2 版.武汉：华中科技大学出版

社，2023.

[17] 王文君.重点新兴前沿 以人为本、可持续性和富有弹性的工业5.0发展[J].科学新闻，2023，25（06）：34.

[18] 王振成，张雪松.机电设备管理故障诊断与维修技术[M].重庆：重庆大学出版社，2020.

[19] 王振成.设备管理故障诊断与维修[M].重庆：重庆大学出版社，2020.

[20] 谢胜龙，万延见，张远辉，等.基于下肢康复机器人的"机电一体化系统设计"课程案例的开发[J].创新创业理论研究与实践，2021，4（09）：25-26+29.

[21] 徐建亮，祝惠一.机电设备装配安装与维修[M].北京：北京理工大学出版社，2019.

[22] 杨再恩，李文骥.基于机器视觉的工业机器人智能抓取系统设计[J].科技与创新，2023（24）：29-31.

[23] 姚实，秦家峰.人工智能技术在机械电子工程领域的应用[J].普洱学院学报，2023，39（03）：37-39.

[24] 张德良.机电一体化设计与应用研究[M].天津：天津科学技术出版社，2020.

[25] 张孝桐.设备点检管理手册[M].北京：机械工业出版社，2013.05.

[26] 赵霄雯.机电类特种设备安全管理与分析[M].长春：吉林科学技术出版社，2021.